식물처럼,
살다

식물처럼, 살다

힐링 플랜테리어 전문가 김해란의 초록 가득한 나무와 숲 이야기

글 · 그림 김해란

피피에

하늘에 별이 있고 이 땅에 꽃이 있고

우리들 마음속에 사랑이 있는 한,

인간은 행복하다.

– 괴테

머리말

나무를 그리며

나무를 참 좋아합니다. 초록색을 참 좋아합니다.

봄에 피어나는 새싹은 저절로 희망을 노래하게 만듭니다. 여름의 푸르른 나뭇가지 이파리들은 또 어떤가요? 더위조차 한풀 꺾이면서 싱그러움으로 다가옵니다. 가을, 노랗고 붉게 물든 나무 풍경은 글자 그대로 한 폭의 아름다운 수채화입니다. 겨울에 나뭇가지에 내려앉은 눈꽃은 '세상에서 순수한 것에 형체가 있다면 이것이 아닐까?' 생각하게 합니다. 나무 한 그루가 피고 지며 세상만사 시름을 잊게 하고 때론 가슴 찡한 감동을 선사하니, 나무는 생명이고 사랑입니다.

오래전 제가 일하는 가게 건너편엔 작은 산 하나가 있었습니다. 물론 나무들로 가득했지요. 피곤하거나 쉬고 싶을 때면 가게 앞 벤치에 우두커니 앉아서 앞산의 나무들을 마냥 바라보았습니다. 그렇게 잠시 몸이 쉬고, 생각이 쉬고, 그리고 바쁜 마음까지 쉬어갔습니다. 길 건너 숲의 나무를 바라보는 것만으로도 '힐링' 그 자체였습니다. 계절마다 모습을 바꿔가며 무한한 생명력을 보여주면서도 언제나 그 자리에서 나를 바라보며 토닥토닥 위로의 말을 건네주었습니다. 삶이 바쁘고 지칠 때 나무는 존재 자체만으로 나의 몸과 마음을 건강하게 치유해주고 있었습니다.

그곳을 떠나오고도 내 마음은 가끔씩 그 앞산에 머물렀습니다. 그러다 결국은 그 앞산(?)을 집안으로 들이기 시작했습니다. 그러다보니 시나브로 힐링 플랜테리어 일을 하고 있었습니다. 꽃이 좋아 꽃꽂이를 배운지도 어언 20년, (사)한국플라워디자인협회 금바다꽃예술회장이 되어 플로리스트로서 제자를 양성하고 한국 대표로 작품 활동을 하는 동안 늘 행복했습니다. 바라보는 것만으로도 한없이 좋았던 앞산의 즐거움이 이젠 내 손끝에서 함박 피어나니 어찌 즐겁지 않겠습니까?

그런 즐거움과 기쁨을 함께하고 싶어서 시작한 플랜테리어 강의도 훌쩍 10년째가 되었습니다. 10년이면 강산도 변한다고 했던가요. 그동안 서로 나누었던 꽃과 나무 이야기를 모아서 한 권의 책에 오롯이 담아내고 싶었습니다.

식물처럼 항상 초록색으로 살고자 하는 저의 마음을 고스란히 담아 '식물처럼, 살다'라고 책 이름을 지었습니다. 많은 이들에게 건강함과 화사한 기쁨,

싱그러운 위로를 줄 수 있는 그런 삶을 꿈꿉니다. 앞으로 노력해야 할 제 삶의 방향이지 않을까 하는 생각도 합니다. 저를 포함하여 모든 이들이 초록으로 싱싱하고 건강하게 살아가면 좋겠습니다. 늘 꽃처럼 화사하게, 식물처럼 싱그럽게 살기를 소망하며 책을 엮었습니다.

저에게 책을 내보라고 권유해주시고 응원해주신 전남대학교 김영기 교수님, 고맙습니다. 곁에서 아낌없이 격려해주신 힐링 원에 이민숙 스승님, 감사합니다. 언제나 묵묵히 버팀목이 되어주는 남편 김일재, 존경합니다. 엄마가 제일 자랑스럽다는 나의 보물 두 아들 태형, 호형이, 그리고 나의 분신이기도 한 사랑하는 딸 주영이, 예쁜 사위 진하, 사랑해요. 책이 나오기까지 지도편달해주시고 미숙한 원고를 멋진 책으로 만들어주신 파피에출판사 강인수 대표님과 위정훈 편집장님, 글을 쓰는 데 너무나 큰 도움을 주신 박지현 작가님, 멋진 사진을 찍어주신 김진수 사진작가님에게도 진심으로 감사드립니다. 또한 아낌없이 응원해주는 지인들, 친구들, 금바다 회원님들, 모든 분들에게 함박꽃 웃음으로 깊은 감사인사를 올립니다.

지금 제 글을 읽고 계시는 분들께도 감사드립니다. 자연의 위대함과 소중함, 언제나 곁에 함께 있으면서 내 손안에서 펼쳐지는 자연이 이 책을 통해서 좀 더 가까워지기를 꿈꾸어봅니다.

자연은 사랑이고 나무는 생명이며 꽃은 기쁨입니다.

모두 사랑합니다.

경자년 초록이 푸른 유월,

금바다꽃 김해란

차례

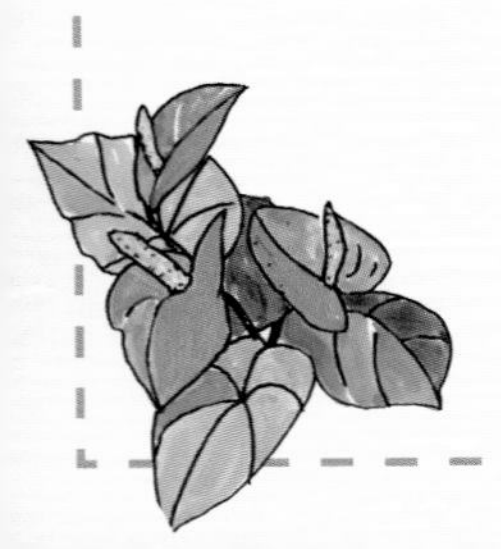

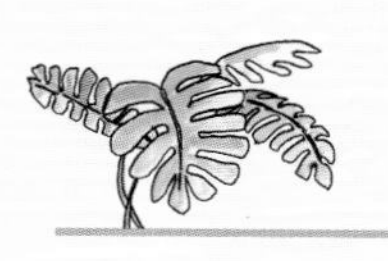

II. green plants : 식물 이야기

III. green house : 식물과 함께하는 사람들

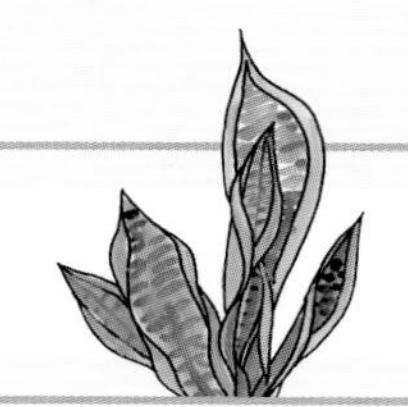

IV. green play : 식물 키우기

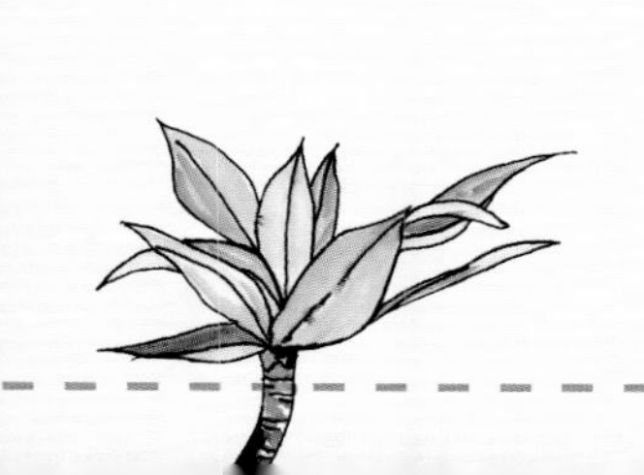

I. green : 초록 이야기

우리, 여기, 싱싱하게 살아 있음을 – 식물의 철학

세상에 하나뿐인 '어린 왕자의 장미' – 까다롭고 다정한 식물 이야기

당신의 하루가 숲이라면

– 초록, 그 싱싱함에 대하여

꽃과 초록이 다 졌던 겨울의 끝자락, 산책하다 발견한 매화꽃 몽우리. 가까이 들여다봐야 보일 정도의 작은 알맹이였다. 하지만 야무지고 단단해 보이는 것이 무척이나 씩씩했다. 아이들 딱총 총알만큼 작은 것이 온갖 초록을 불러내는 상상만으로도 행복해진다. 작아도 초록이고, 초록이란 이런 힘을 가졌다.

그래서 고대 로마인들은 식물을 가까이하면 기분이 좋아진다고 믿었고, 노르웨이와 일본은 국민들에게 삼림욕을 하도록 권장해왔다. 영어권에서는 'Tree bathing' 또는 'forest bathing'이라고 한다. 영국에서는 심지어 포레스트 테라피, 즉 '숲 치료'라는 말까지 사용한다. 노르웨이에서는 프리루프트슬리브(friluftsliv)라고 하는데, '야외 활동을 즐기다'라는 뜻이다. '밖으로 나가 자연과 교감하라'는 그들만의 문화가 담긴 단어이다. 노르웨이인은 세계에서 행복지수가 가장 높다는데, 실제로 노르웨이인의 야외 활동 시간이 세계 어느 나라 국민보다 길다는 사실과 행복지수는 비례하는 것 같다.

영국에서 발표된 통계에 따르면, 1960년에 비해 인간의 육체적 활동량이 20% 줄었다고 한다. 그리고 2030년엔 30%까지 감소할 것으로 예측하고 있다. 저널리스트이자 라이프코치인 세라 이벤스는 『당신의 하루가 숲이라면』이라는 책에서 우리가 숲에서 얻을 수 있는 여덟 가지 장점을 들려준다.

첫째, 정신적 피로를 없애준다. 현대 사회를 살고 있는 사람들은 거의 대부분 '정신적 과부하'에 걸려 있는데, 「환경심리학저널」에 발표된 연구 결과에 따르면, 자연의 아름다움을 눈으로 보고 느낄 경우 뇌가 2차적으로 자극을 받아 고갈됐던 정신 에너지가 재충전된다고 한다.

둘째, 초록을 보고 느끼는 것만으로 지친 뇌가 회복된다. 이와 관련된 재미있는 실험도 있다. 미시간대학에서는 사람들에게 먼저 기억력 테스트를 실시한 다음 이들을 두 그룹으로 나누어 산책을 나가도록 했다. 한 무리는 숲속에서 산책을 하도록 했고, 다른 무리는 도심의 거리를 걸었다. 그런 다음 돌아와서 다시 기억력 테스트를 했다. 그러자 숲을 걷고 온 사람들은 점수가 20% 더 높게 나온 반면, 도심을 걷다 온 사람들은 별 차이가 없었다고 한다.

셋째, 행복감이 커진다. 초록색의 자연 환경은 사람들의 기분과 자존감을 향상시켜 더 큰 행복감을 느끼게 된다고 한다.

넷째, 면역력이 강화된다. 「환경보건 및 예방의학저널」에 발표된 한 논문에 따르면, 피톤치드에 둘러싸여 생활하면 세포 활동이 촉진되면서 전체적인 면역력이 강화된다고 한다.

다섯째, 심혈관계 기능이 개선된다. 야외활동을 통해 자연스럽게 운동량이 늘어나게 되니 심혈관계가 좋아진다는 것이다.

여섯째, 스트레스 감소 효과가 있다. 숲속에서는 혈압이 내려가고 스트레스 호르몬인 코르티솔 분비가 줄어들며 심박 수가 줄어지면서 마음이 차분

해진다고 한다.

일곱째, 눈이 건강해진다. 스마트폰이나 컴퓨터 화면에서 해방되어 초록색을 바라보니 당연한 결과다. 실제로 호주나 대만의 연구진들이 2년에 걸쳐 2,000명의 어린이들을 추적 관찰한 결과, 바깥에서 많은 시간을 보내는 아이들일수록 근시로 발전된 비율이 낮다는 사실을 발견했다.

마지막으로 여덟 번째는 삼림욕의 천연 진통제 효과다. 관절염 환자들을 대상으로 실시한 임상 실험 결과, 주기적으로 손으로 잡초를 잡아 뽑을 경우 관절의 불편함과 뻣뻣함이 완화된다는 보고가 나왔다.

사실 식물의 비밀은 녹색 잎이 아니라 식물의 성장 환경에 있다. 식물의 성장 환경 전체가 공기 정화 작용을 일으킨다는 것이다. 연구 결과에 따르면 식물이 공기 중의 유해 물질을 흡수하면, 뿌리 주변 토양에 사는 미생물이 이것을 식물의 성장에 필요한 성분으로 변환시켰다. 말하자면 식물의 뿌리, 줄기 잎과 주변 토양에 사는 미생물이 작은 생태계를 이루어 서로 소통하고 영양분을 교환하고 생명 현상을 자극했다.

이런 효과는 평범한 생활 환경에서도 나타난다. 노르웨이생명대학에서 노르웨이 오슬로 시에 있는 병원 방사선과 전문의들을 대상으로 실험해보았더니, 진료실에 화분을 놓은 뒤로 의사들의 피로도가 32%, 머리가 무거운 증상이 33%, 두통이 45% 감소했다. 현기증은 25%, 눈이 따가운 증상은 15%, 목이 간지러운 증상은 22%, 기침은 38%나 줄었다. 결근율도 현저하게 줄었다.

이것은 숲의 환경을 작게나마 집안에 들이는 일이 가능함을 알려준다. 삶의 90%가 넘는 시간을 머무르는 곳이 실내라고 생각하면 이제 실내 환경을

개선해야 할 때가 아닌가 싶다. 매일 숲속으로 찾아갈 수는 없으니 식물 몇 개 들여놓는 것도 대안이 될 수 있을 것이다.

간혹 '식물 몇 개 들인다고 큰 효과가 있겠어?'라고 의심하는 분들도 보았다. 물론 작은 화초 몇 개만으로 상당한 물리적 효과를 내기는 쉽지 않을 것이다. 하지만 최근 서울시 통계를 들여다보면 생각이 달라진다. 2018년 12월 서울시가 반려식물을 키우는 1인 가구 어르신 330명에게 설문조사를 한 결과, 어르신의 92%가 우울감 해소에, 93%는 외로움 해소에 도움이 된다고 답했다고 한다.

식물을 기르다보면 사람과 참 닮았다는 생각이 들 때가 많다. 빨리 자라는 것, 천천히 자라는 것, 까다로운 것, 순하디 순한 것, 가지치기해야 하는 것, 그대로 놔두는 것이 좋은 것들이 있다. 물을 좋아하는 것, 물을 싫어하는 것, 햇빛을 좋아하는 것, 햇빛을 싫어하는 것들도 있다. 그리고 이 각각의 식물들의 비위를 잘 맞춰줘야 건강하게, 무럭무럭 자란다. 그러나 무엇보다 그것이 '기꺼이 감수하는 즐거운 일'이라는 점에서, 자식 키우는 일과도 참 닮았다.

공부 좀 못하면 어떤가? 건강하고 씩씩하게 자라는 순한 아이는 보스턴 고사리 같다.

툭하면 울기 잘하고 모델 같은 몸매를 가진 새초롬한 여자아이는 알로카시아 오도라다.

늘 툭툭 쏘기만 하던 남편이 아내의 마지막 암 투병을 지켜준다. 남편은 그동안 꽁꽁 숨겨두었던 눈물샘을 다 쏟아낸다. 가슴속 물을 품고 묵묵히 함께 살아낸 선인장이다.

어찌되었든 우린 이들과 함께 살아간다. 그러고 보니 괴테는 참 위대한 작가다.

하늘에 별이 있고 이 땅에 꽃이 있고
우리들 마음속에 사랑이 있는 한 인간은 행복하다.

자연 속에서 식물과 함께 사랑하며 사는 삶.
그 말을 참 멋지게도 표현해놓았다.

행복은 초록에서 나온다

– 식물의 위로

"가끔 나하고 자러 우리 집에 올 생각이 있는지 궁금해요."

"뭐라고요? 무슨 뜻인지?"

"우리 둘 다 혼자잖아요. 혼자된 지도 너무 오래됐어요. 벌써 몇 년째예요. 난 외로워요. 당신도 그러지 않을까 싶고요. 그래서 밤에 나를 찾아와 함께 자줄 수 있을까 하는 거죠."

수십 년간 이웃에 살던 여자가 갑자기 제안을 한다. 『밤에 우리 영혼은(Our Souls at Night)』이라는 켄트 하루프의 소설 한 대목이다. 이 이야기는 2017년에 제인 폰다와 로버트 레드포드 주연의 영화로도 만들어졌다.

"섹스 이야기가 아니에요. 밤을 견뎌내는 걸, 누군가와 함께 따뜻한 침대에 누워 있는 걸 말하는 거예요. 나란히 누워 밤을 보내는 거요. 밤이 가장 힘들잖아요."

소설은 그저 같이 있어줄 누군가가 있다는 것이 얼마나 큰 힘이 되는지 보여주고 있다. 외로운 현대인들에겐 잔잔한 울림을 주는 이야기다. 하지만 주인공처럼 이웃집 남자에게, 또는 여자에게 말을 걸 수 있다면, 그리고 온갖 소문까지 감내할 수 있다면 좋겠지만 평범한 사람들의 선택은 그렇지 못하다. 그래서 선택한 것이 반려동물이나 반려식물 아닐까? 그래서인지 반려동식물의 인기는 나날이 높아지고 있다.

현대 사회에 들어오면서 삶은 풍요로워졌으나 외로움은 더 깊어졌다. 이런 외로움은 어르신들이나 젊은이들이나 예외가 아니어서 독일 시사주간지 「포쿠스」는 밀레니얼 세대들이 왜 초록 식물에 열광하는지에 대해 이렇게 보도했다.

> 뮌헨의 블로거인 이고르 요시포비치(41)는 "식물을 돌보는 것은 명상을 하는 것과 같다."라고 말한다. 스마트폰으로 가득 찬 세상에서는 사실 모든 것이 피상적이고, 구체적이지 않다. 다시 말해 손에 잡히지 않는다. 하지만 식물은 그렇지 않다.
> "유기물, 자연, 그리고 생명에 대한 욕구가 스크린 앞에 놓인 가상의 존재에 대한 대안이라고 믿는다."면서 "디지털 사회에서는 '촉각'이 점점 사라지고 있다. 따라서 사람들은 무언가를 붙잡고, 느끼기를 원한다. 그것은 해소되어야 할 무의식적인 갈망이다."라고 말했다.
> 요시포비치는 도시에 사는 젊은 사람들일수록 집안을 녹색 천국으로 꾸미고 싶어 하는 경향이 있다고 말한다. 초록 공간은 스트레스를 받는 일상생활에서 회복되는 치유의 역할을 하기 때문이다. 이를테면 담쟁이덩굴 아래서 잠시 쉬어가는 그런 자리가 되어주는 것이다.

그런가 하면 베이비붐 세대, X세대, Y세대, Z세대의 차이를 연구하는 미국의 심리학자인 진 트웬지는 특히 Y세대와 Z세대가 집에서 보내는 시간이 더 많다는 사실에 주목했다. 예를 들어 밖에서 시간을 보내기보다는 집안 소파에 편하게 누워서 뚫어져라 넷플릭스를 보는 것을 더 선호한다는 것이다.

사람들과 교류하기보다는 혼자서 소파에서 뒹구는 것을 더 좋아하는 이 세대들은 사실은 점점 더 외로움에 시달리고 있다. 소셜 미디어가 발달하고 인터넷으로 소통을 한다 해도 허전함은 채워지지 않기 때문이다.

비단 외국의 경우뿐이겠는가? 사람들이 반려식물을 키우면서 얻게 되는 기쁨, 만족감, 위로 등 정서적인 측면에서 본 장점들은 이루 헤아릴 수 없을 정도로 많을 것이다.

연구에 따르면, 집안에서 키우는 식물은 긴장을 완화하고, 스트레스를 해소하는 데 도움이 된다. 또한 실내 오염물질을 걸러내어 공기를 정화시켜준다는 데 이의가 없을 것이다. 이쯤 되면 '행복은 초록에서 나온다'는 말에 꽤 믿음이 간다. 식물을 기르다 보면 위안을 얻고 보살핌을 받는 건 식물이 아니라 오히려 나 자신임을 깨닫게 될 때가 있다. 그리하여 나 역시 꽃과 식물을 만지면서 기꺼이 나머지 내 인생을 맡기고 있을지도 모르겠다. 꽃의 가시에 찔린 상처는 내게 고통과 흉터가 아니다. 누군가 나의 꽃과 나무를 '예쁘다' 해준다면 그것만으로도 행복하다.

초록은 그런 것이다. 누군가를 토닥토닥 위로한다. 어느 시인의 에세이에서 발견한 대목이다. 부부싸움을 하고 나온 어느 촌 아낙이 밭가에 주저앉는다. 옆엔 개망초꽃이 흐드러지게 피어 있다. 그녀는 말한다.

'개망초꽃이 사람보다 따뜻하드만요'

식물은 그런 존재다.

녹색 정원의 비밀

– 식물의 치유 에너지

"어머니에게 식물 하나 가져다주고 싶어."

그의 어머니는 암이 재발하여 다시 입원 중이었고, 두고 온 살림 걱정에 다 남겨진 자식에게 차마 슬픔을 드러내지도 못하고 속앓이를 하며 하루하루를 보내고 있었다.

"이거 어때?"

그 식물은 워터코인이었다. 우리말로 풀어보면 '물에서 나는 동전'쯤 된다. 워터코인 포트 하나를 예쁜 컵에 담아 들고 갔고 식물은 무럭무럭 자랐다. 물만 부어주어도 매일매일 연초록 새순을 연달아 만들어 쏙쏙 내밀었다.

"이런 거 뭐 하러 사왔냐?"

시큰둥하던 어머니는 슬쩍슬쩍 물을 주더니 며칠 뒤엔 한숨 대신 잎이 돋는 것을 가만히 들여다보더란다.

"이것이 진짜 돈이면 얼마나 좋을까나?"

날마다 열리는 초록 동전을 보며 어느 날은 슬며시 미소를 지으시더란다. 이심전심. 그런 마음이었을까? 암 투병 중인 이해인 수녀 역시 어머니의 마음 같은 시를 남겼다.

나는

늘 작아서

힘이 없는데

믿음이 부족해서

두려운데

그래도

괜찮다고

당신은 내게 말하는군요

- 이해인, 「희망은 깨어 있네」 중에서

'당신들은 세상의 꽃을 모두 꺾을 수 있다. 그러나 봄이 오는 것을 막을 수는 없다.' 1971년 노벨문학상을 수상한 칠레의 국민시인 파블로 네루다의 시구다. 죽음의 절망 앞에서도 봄을 기다리는 희망쯤은 있는 것이다. 가끔은 식물이 그런 희망이기도 하다.

인류도 아마 그 시작부터 식물을 치유 목적으로 활용하였을 것이다. 그러나 보다 구체적 목적으로 본격적으로 이용하기 시작한 것은 20세기 들어와서였다. 1940년대에 미국과 유럽에서는 입원한 상이군인들의 재활을 위해 원예치료를 도입하였다. 보다 전문화된 것은 1950년대부터이다. 그리고 2000년대에 이르러 식물 치유는 사회적 이슈로 떠올랐다. 약물치료로 어려운 부분을 식물로 치유하기 시작하게 된 것이다.

자연과 함께하며 식물의 생장주기를 경험하고 여러 사람들과 신체적, 정신적 활동을 공유하는 원예활동은 생명의 경이로움, 자연에 대한 감사 등의 마음을 갖게 하고 그런 심리는 우울함과 불안한 마음을 거두어갔다. 영국 런던에 있는 민와일 야생정원(Meanwhile Wildlife Garden)에서는 정신과 환자들에게 참가자 및 지역 주민들과 함께 식물과 곤충을 키우고 보살피게 한다. 사회성과 자존감, 그리고 손으로 흙을 만지는 일을 통해 심리적 재활을 도운 것이다.

실제로 인간은 스트레스를 받으면 이에 맞서기 위해 체내에서 코르티솔이라는 호르몬이 분비되는데 이 호르몬은 신체 각 기관으로 많은 혈액을 방출시킨다. 원예치료는 별다른 부작용 없이 혈중 코르티솔 수치를 낮춰주는 효과가 있다고 보고되고 있다.

유럽에선 이미 학습장애 청소년, 정신질환자, 마약중독자, 치매노인 등을 대상으로 원예치료를 널리 활용하고 있다. 유럽 전역의 치유농업을 위한 사회적 농장(2010년 기준)은 노르웨이 600개소, 네덜란드 1,000개소, 이탈리아와 독일이 각각 400개소 등 3,000개소 이상이 운영되고 있다. 그중에서도 네덜란드는 매주 2만 명 이상 농촌에서 치료를 받고 있을 정도로 치유농업의 선도국가로 불리고 있다.

1984년에 세계보건기구(WHO)는 충격적인 보고서를 내놓았다. 실내 공간이 바깥보다 무려 다섯 배에서 열 배나 더 오염돼 있고, 이 오염이 우리의 건강을 크게 위협하고 있다는 것이었다. 이른바 '병든건물증후군(Sick Building Syndrome)'으로 불리는 이 증상은 1960년대 후반 에어컨이 발명되고 실내 공간에 바람 한 점 들어올 수 없도록 철저하게 밀폐시키는 건축공법이 시행되면서 더욱 심각해졌다고 한다. 이런 문제에 대해 영국 카디프대학

난방
22
운전
선택
바람
세기

과 엑시터대학, 네덜란드 흐로닝언대학의 공동연구팀이 「저널 오브 익스페리멘틀 사이콜로지(Journal of Experimental Psychology)」에 발표한 보고서에 따르면 해결책은 식물에 있었다. 연구팀은 식물이 없는 사무실과 식물을 배치한 사무실을 비교하는 여러 가지 실험을 했는데, 식물이 배치된 사무실에서는 작업환경이 크게 향상되었다. 심리적인 안정감, 그리고 공기정화 효과가 그것인데 그 원리를 설명하자면 다음과 같다.

먼저 잎과 뿌리쪽에서 일어나는 미생물의 흡수에 의한 오염물질의 제거이다. 잎에 흡수된 오염물질은 광합성의 대사 산물로 이용되고, 화분 토양 내로 흡수된 것은 뿌리 부분의 미생물에 의해 제거된다.

둘째는 음이온, 향, 산소, 수분 등 다양한 방출물질에 의해 실내 환경이 쾌적해지는 것이다.

식물은 암환자의 치료에서도 상당한 성과를 거두고 있다. 농촌진흥청이 성인 암환자를 대상으로 원예치료를 시행한 결과, 정서적 삶의 질은 13% 증가하고 우울감은 45%, 스트레스는 34%나 감소한 것으로 나타났다고 한다. 또한 혈액 검사 결과 우울감 해소에 도움을 주는 일명 행복 호르몬인 세로토닌 분비가 40%나 증가했다고 한다.

이에 대해 전문가들은 식물을 기르는 과정에서 식물의 생장주기와 인간의 생애주기가 통합을 이루게 되는데, 이러한 경험을 통해 질병을 이겨내는 긍정적인 마음과 용기를 얻게 된다는 것이다.

농촌진흥청이 제시한 최상의 공기정화 식물 6가지는 다음과 같다.

- 아레카 야자
- 스파티필룸
- 틸란드시아
- 산호수
- 스킨답서스
- 벵갈 고무나무

공기정화 효과로만 보면 산호수와 벵갈 고무나무가, 가습 효과로는 아레카 야자가 으뜸이며, 스파티필룸은 알코올 · 아세톤 · 벤젠 · 포름알데히드 등 다양한 공기 오염물질 제거 능력이 뛰어나 새 집이나 사무실에서 효과적이다.

틸란드시아는 자일렌 제거량이 '최상' 등급이고, 산호수는 미세먼지 제거 능력이 좋다. 2016년 농촌진흥청 연구 결과에 따르면 빈 방에 미세먼지를 투입하고 4시간 뒤 측정했더니 2.5μm 이하의 초미세먼지가 44% 줄어든 반면, 산호수를 들여놓은 방은 70%나 줄었다. 음이온·습도 발생량도 우수해 아이들 공부방에 두면 집중력 향상과 실내 습도를 높이는 데 도움이 된다고 한다.

초록의 치유 효과를 영상화한 영화가 있다. 화면 가득 초록빛이 넘실대는 프랑스 영화 「마담 프루스트의 비밀정원」(2013)이 그것이다. 마담 프루스트의 아파트 안에 들어선 숲속 풍경. 부엌 한편에 자리한 신비로운 녹색 정원과 뜨거운 차 한 잔, 그리고 마들렌 한 조각, 우쿨렐레와 음악 소리, 빈티지한 벽지와 가구는 우리의 눈을 따뜻하고 편안하게 해준다. 영화의 주요 내용은 주인공 폴의 기억 찾기인데, 기억과 향기, 환상적인 음악, 그리고 초록이 전하는 치유의 메시지가 어우러진다.

주인공 폴은 마담 프루스트의 정원에서 따 온 차를 마시고 잠이 든다. 그리고 꿈속에서 하나의 기억과 맞닥뜨린다. 그리고 본인의 상처를 대면하곤 하나씩 극복해간다. 무엇보다 이 영화의 가치와 아름다움은 그녀의 정원, 바로 넘실대는 초록에 있다. 이토록 몽환적이고 비밀스러운 초록이라니…….

실뱅 쇼메 감독의 전략은 대단히 영리했다. 치유를 이야기하면서 어찌 초록을 뺄 수 있단 말인가? 치유의 가장 큰 에너지는 식물이라는 것을 그는 잘 알고 있었고, 그것을 초록 가득한 스크린에 고스란히 담아내었다.

우리, 여기, 싱싱하게 살아 있음을

– 식물의 철학

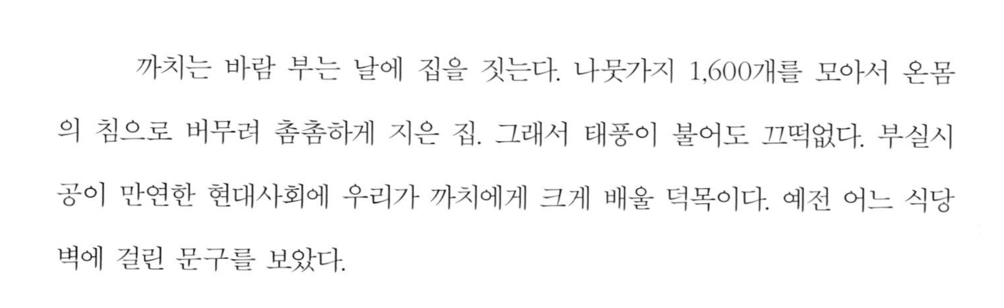

까치는 바람 부는 날에 집을 짓는다. 나뭇가지 1,600개를 모아서 온몸의 침으로 버무려 촘촘하게 지은 집. 그래서 태풍이 불어도 끄떡없다. 부실시공이 만연한 현대사회에 우리가 까치에게 크게 배울 덕목이다. 예전 어느 식당 벽에 걸린 문구를 보았다.

흔들리지 않으려면 고목이 되어라!

난 그 말에 크게 반발하였다. 흔들리지 않으면서 고목이 될 수 없지 않은가. 진정으로 흔들리면서, 꺾이면서 천천히 고목이 되는 법이다. 나무는 흔들리면서 뿌리가 튼튼해진다. 약 2,600년 전에 쓰인 중국의 철학고전『도덕경』76장의 구절이다.

人之生也柔弱　其死也堅强 (인지생야유약 기사야견강)
萬物草木之生也柔脆　其死也枯槁 (만물초목지생야유취 기사야고고)
故堅强者死之徒　柔弱者生之徒 (고견강자사지도 유약자생지도)

是以兵强則不勝　木强則兵 (시이병강즉불승 목강즉병)

强大處下　柔弱處上 (강대처하유약처상)

풀이하면 다음과 같다.

사람이 살아서는 부드럽고 연약하지만 죽어서는 굳고 강해지며,
만물 초목이 살아서는 부드럽고 무르지만 죽어서는 바싹 말라 굳어지니,
굳고 강한 것은 죽음의 무리요 부드럽고 약한 것은 삶의 무리이다.
이로써 병사가 강하면 이기지 못하고 나무가 강하면 꺾이니,
강하고 큰 것은 아래에 있게 되고 부드럽고 약한 것은 위에 있게 된다.

다시 내 방식으로 풀어보자면 흔들리는 것이 유연한 것이고 바로 그것이 삶이다. 단, 뿌리는 튼튼해야 한다, 식물처럼. 『식물처럼 살기』라는 책을 쓴 최문형 교수는 우리가 식물에게 배워야 할 것들을 이야기한다. 식물의 포용력과 넉넉함, 뛰어난 생산 능력과 생존기교, 고독과 재활능력, 그리고 기민성과 생활력까지.

내용을 요약하면 이렇다. 자연에서 식물만큼 자신의 힘으로 자급자족 살아가는 종이 얼마나 있을까? 그런데 그것도 모자라서 인간과의 공생을 꾀한다. 그러니까 지구 최고의 종인 인간이 그 꾐에 빠져 이런저런 이유로 식물을 애지중지하고, 가꾸게 된다. 움직일 수 없는 약점을 극복하고 곤충들, 동물들, 인간들을 동원해서 자신들의 필요를 충족하며 사는 것이 식물이란다. 가장 연약하고 움직이지도 못하는 식물이 잘 살아남는 이유다.

이쯤 되면 식물처럼 영리한 종이 없는 듯하다. 식물이 수천 년을 사는 비결을 알고 있는가? 움직임을 줄여 에너지의 소비를 막은 것이 그 이유라는 설도 있다. 심지어 상처마저 옹이로 끌어안아 거센 톱질마저 멈추게 한다지 않은가.

600년 된 팽나무를 베면 그 나이테에 매화꽃이 핀다는 어느 목수의 이야기를 들었다. 그 목수는 어느 날 벼락 맞은 팽나무 가지 하나를 샀는데 나이테에 꽃이 피는 행운을 안게 되길 무척이나 고대하고 있었다. 그 꽃이란 짐작대로 나무옹이로 만들어진 무늬이다. 하지만 모든 옹이가 꽃으로 피어나는 것은 아니어서 운수대통해야 만날 수 있는 아주 귀한 기회다. 매화꽃을 피운 나무는 부르는 게 값이고, 목수 입장에선 최고의 물건을 만들 수 있으니 일석이조인 셈이다. 하지만 나무 입장에선 어떨까? 수백 년을 지나며 상처 한 번 없었을까? 시시때때로 맞는 고통과 상처를 껴안았을 것이고 안으로 옹이로 만들어 품었다. 그리고 내밀하게는 그 상처로 꽃을 만들어내었다.

주변에 부쩍 갱년기 걱정이 늘었다.

"이 눈가 봐봐, 주름 보이지!"

말끝에 한숨이 섞인다. 비싼 화장품을 사야 하나? 시술을 받아야 하나? 진지한 고민 중이었다. 사실 그녀는 아직 충분히 젊고 아름다웠다. 그래서 더 잡고 싶은 것일까?

물론 나도 한때 그러고 싶은 적이 많았다. 나이 마흔 넘어가면서 늙어간다는 생각이 들고 살짝 슬퍼지기도 하는 기분. 하지만 벚꽃 비가 내리는 어느 날, 그 비, 땅에 떨어져 박수근의 그림처럼 점점이 꽃길을 만들고 그 길, 끝도 없이 이어지는데, 문득 뒤통수를 치는 깨달음.

아! 지는 것도 아름답구나.

시들기 전에 송이채 툭, 미리 져버리고 마는 동백 꽃송이, 빨갛게 마지막 화장을 하고 하늘하늘 추락하는 단풍도 그러하며, 필 때보다 더 아름답게 지는 은행잎도 그렇다. 세상에, 시드는 것이 이렇게 아름답다니! 그리고 마지막으로, 시들면서 더 포근하고 따뜻해지는 어머니, 우리 어머니.

우린 그렇게 아름답게 시들 수 있을까? 지는 단풍처럼 붉고 아름답게 나이 먹을 수 있을까? 피는 장미 한 송이는 단 몇 사람을 감동시킨다. 그러나 지는 노을은 온 세상 사람을 다 위로한다. 그렇게 아름답게 질 수 있을까? 인간에겐 피는 것보다 지는 일이 훨씬 어렵고 힘든데 식물은 뚝딱 아름답게 해치워버린다.

식물이 주는 위로는 어떠한가? 아낌없이 내어주는 나무를 보자. 자연은 내게 어머니의 사랑을 가르쳐주었다. 씨앗 하나가 싹을 틔워 자라기까지의 그 치열함은 어떤가? 삶의 현장에서 고군분투 자식을 위해 살아냈던 우리 시대 아버지의 모습이다. 다정함으로 따지면 나의 연인이고 지친 나에게 좋은 향기 뿜으며 다가와 때론 나의 진통제가 되어주니 나와 무척 '케미' 좋은 친구가 나무인 것이다.

느리게 묵묵히 자라는 것들은 있는 듯 없는 듯 그대로 늘 기다려주는 무심의 철학. 빠르게 자라는 것들은 그대로 매일 싱싱함의 연속인 행복의 철학. 게으른 나를 움직이게 하고, 나 아닌 것을 위해 일하는 행위가 얼마나 즐거운 것인지를 일깨워주니 배려의 철학. 장기 출장 때면 식물부터 걱정하게 되니 그 존재만으로도 좋은 존재의 철학 등등. 무엇보다 싱싱하게 살아 있음을 서로 확인하며 생존의 철학을 얻으니 이 얼마나 즐거운가.

다시 『도덕경』 8장에 실린 시 한 편 옮긴다. 물에 관한 이야기다.

최상의 선은 물과 같다.
말없이 모두를 이롭게 한다.
고여 있을 때는 안정적이고
흐를 때는 깊이가 있으며
표현에 있어서는 정직하다.
불화가 있어도 점잖다.
통치에 있어서 상대를 움직이려 하지 않는다.
행동에 있어서 때를 맞출 줄 안다.
스스로의 본성에 만족한다.
그러기에 흠잡을 수 없다.

과연 물만 그럴까?
'물' 대신 '식물'로 바꿔 읽어도 손색이 없는 글이다.

세상에 하나뿐인 '어린 왕자의 장미'

– 까다롭고 다정한 식물 이야기

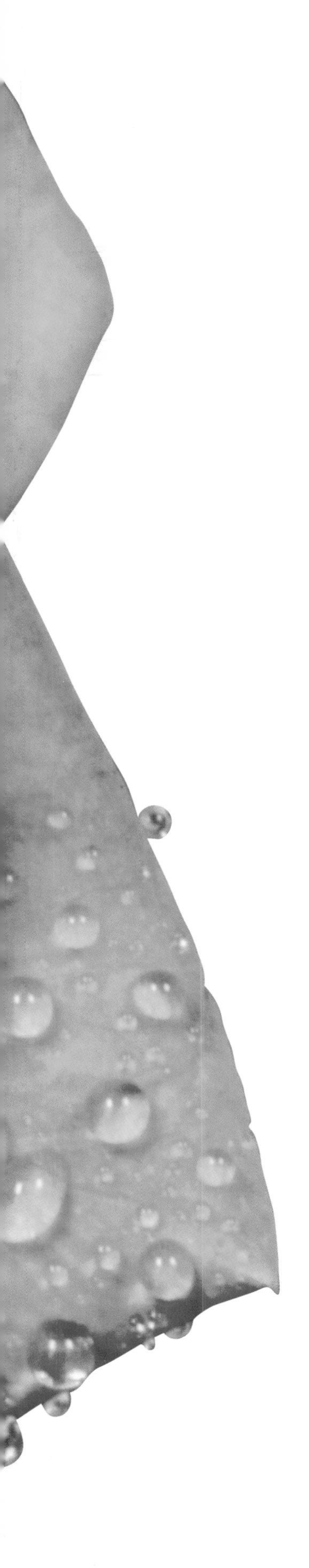

어느 책에서 진짜배기 정원가 이야기를 읽은 적이 있다. 내용인즉 "꼭 한번 찾아와주세요. 제 정원을 보여드릴게요." 막상 찾아가니 꽃을 소개하다 말고 옆의 잡초를 뽑으며 15분, 다른 식물을 자랑하다 말고 흩어진 가지를 묶는 데 또 10분, 뭐 이런 식이란다.

식물이란, 이런 것이다. 식물이 반짝거리려면 이처럼 끝없는 애정과 정성 어린 손길이 필요하다. 관심과 사랑이 없으면 힘을 잃고 시들시들해지니 여간 까다로운 게 아니다. 사실 식물 한두 개 죽여보지 않은 사람이 있을까? 야심차게 화분 하나 들였는데 이파리가 시들해지더니 결별의 눈물처럼 이파리 뚝뚝 흘리며 죽어가던 경험 말이다.

나에게도 그런 식물이 있다. 율마였다. 연초록 싱싱함이 좋아 들였다가 몇 번이나 실패하였다. 식물 전문가이니 그런 일이 없을 거라고 생각하면 큰 오산이다. 식물에게 생기는 수많은 변수와 내 스케줄이 만드는 변수의 합을 구하면 깜박하고 놓치는 일이 생길 수밖에 없고, 그런 일이 몇 번만 생겨도 픽 토라져 결별 선언하는 것이다. 내게는 아주 까다로운 연인이었던 셈이다.

그도 그럴 것이 연초록에 속아 율마를 부드러운 식물이라고 생각하면 안 된다. 율마는 측백나뭇과의 침엽식물이다. 습기를 머금은 해풍이 심하게 부는 해안가에 방풍림으로 심었다고 하는데 바람 심한 곳에선 소나무처럼 구불구불 자라기도 하고 내륙으로 들어서면 우리가 보는 그 형태로 곧게 쭉쭉 뻗어 자란다. 환경이 좋으면 5미터 이상 훌쩍 자라기도 하지만 보통 2~3미터 정도 자란다. 여기에서 좋은 환경이란 원산지가 말해주듯이, 춥지도 덥지도 않으며 바람이 살랑살랑 불어오는 곳이다.

바로 여기에 함정이 있다. 율마의 원산지는 미국 캘리포니아 몬트레이 반도로 사계절 평균 12~15도 내외로 온화하고, 겨울에도 영하로 내려가는 일이 드물다. 당연히 율마를 잘 키우려면 약산성에서 pH 7~8의 약알칼리 흙, 건조한 공기나 높은 습도를 피하고, 바람이 많고 안개는 잦은 지역이 적당하며, 뿌리가 습기에 민감하므로 한 번만이라도 뿌리를 말려서도 안 된다. 뭐, 말만 들어도 어렵게 느껴지지 않은가?

결혼한 신부가 뭐든지 잘 먹고 튼튼하며 어지간한 병치레 안하는 편한 상대면 좋겠지만 가끔은 예쁜데 조금 까다로운 친구일 때도 있다. 물론 '눈빛만 보아도 알아요' 하면 좋겠지만 가끔은 눈빛 맞출 시간이 없어 잊어버리거나 눈을 맞춰도 뭘 원하는지 알아채지 못하는 경우도 허다하다.

어찌 보면 사람 사귀는 것과 비슷하여 바람도 쐬어주고 함께 밥 먹어주는 시간이 필요한 것이다. 그래서 반려식물이란 단어가 생겼는지도 모르겠다. 『연애시대, 쏭북』이라는 책에 이런 글귀가 있다.

연애에는 두 가지 방식이 있다.

목적을 추구하는 솔직한 연애.

과정을 신뢰하는 침착한 연애.

전자는 동물의 연애이고,

후자는 식물의 연애이다.

연애론에 관한 이야기지만 곰곰이 생각해보면 식물과도 연애하듯 만나야 하는 전제가 숨어 있다. 씨앗을 심고, 물을 주고, 바람을 쐬어주고, 밥을 먹이고, 가끔은 쓰다듬어주어야 한다.

꽃을 보고 감탄한 어린 왕자가 말했다.

"정말 아름다워요!"

꽃이 달콤한 목소리로 대답했다.

"그렇죠? 나는 해와 함께 태어났어요."

어린 왕자는 꽃이 겸손하지 않다고 생각했다. 하지만 이렇게 마음을 설레게 하는 꽃이 또 있을까.

"이제 아침식사 시간인 것 같은데 제 식사 좀 챙겨주시겠어요?"

꽃이 말했을 때, 어린 왕자는 당황했지만, 재빨리 신선한 물을 물뿌리개에 담아 뿌려주었다. 이렇게 꽃은 심술궂은 허영심과 까다로운 성품으로 어린 왕자를 괴롭혔다.

"난 호랑이는 하나도 무섭지 않아요. 하지만 바람은 무서워요. 바람막이를 가져다주겠어요?"

어린 왕자는 생각했다.

'바람이 무섭다니, 식물인데 참 불행한 일이군. 이 꽃은 너무 까다로

운 것 같아.'

"저녁에는 제게 유리 덮개를 씌워주세요. 당신이 사는 이 별은 너무 추워요. 환경도 그리 좋지 않고요. 내가 전에 살던 곳은……."

- 생텍쥐페리, 「어린 왕자」 중에서

어린 왕자는 서투르지만 마음을 다해 정성껏 꽃을 돌보았다. 하지만 아름다운 그 꽃은 거들먹거리고, 까다롭고, 거만했다. 어린 왕자는 진심으로 꽃을 사랑했지만, 얼마 안 가 '꽃의 진심은 도대체 뭐지?' 의심을 하게 된다. 심지어 꽃이 별 의미 없이 툭툭 내뱉은 말에도 많은 생각을 하며 상처를 받는다. 결국 왕자는 꽃을 떠나기로 한다. 한참을 여행하던 어린 왕자는 장미꽃이 만발한 어느 집 정원에 닿는다. 떠나 온 어린 왕자의 장미꽃. 그 꽃은 이렇게 말했었다. '이 세상에 자기처럼 생긴 꽃은 자기뿐'이라고.

그런데 세상에나, 똑같은 꽃이 5,000송이나 피어 있었다. 어린 왕자는 자기가 사랑한 꽃이 그냥 흔해빠진, 평범한 꽃이란 사실에 엉엉 운다. 하지만 여행하다가 만난 장미꽃 사이에서 어린 왕자는 깨닫는다. 세상엔 수많은 장미꽃이 있지만 왕자가 바람을 막아주고, 벌레를 잡아주고, 물을 주면서 소중히 키운 장미는 오직 그 꽃 하나라는 것을…. 똑같은 수십, 수천, 수만 장미와는 다른 거라는 걸.

김춘수 시인은 그의 시 「꽃」에서 이렇게 말한다.

내가 그의 이름을 불러주기 전에는 그는 다만 하나의 몸짓에 지나지 않았다.

내가 그의 이름을 불러주었을 때 그는 나에게로 와서 꽃이 되었다.

「어린 왕자」 버전으로 말하자면 길들인다는 것이며, 다른 언어로 말하자면 식물과의 연애를 하는 것이며, 흔하게 말하면 반려식물로 삼는 것이다.

주변에 식물과 자연을 두는 삶, 그런 행복을 누리고자 하는 마음은 누구에게나 있을 것이다. 초록이 주는 평안과 즐거움 때문이다. 어느 날 불쑥 돋아난 돌돌 말린 새순이 펴지는 날엔 연애편지 한 장 펴든 기분일 터이고 로즈마리가 만들어내는 상큼하고 쌉싸래한 향기는 눅눅한 일상조차 햇살 드는 상쾌함으로 바꿔준다. 외로운 밤 다정하게 옆에 앉아주고 바람 부는 날에 팔랑팔랑 손 흔들어준다.

그러고 보니 식물은 참 다정하다. 아니, 참 까다롭다. 하지만 그래서 그만큼 더 사랑스럽다.

Ⅱ. green plants : 식물 이야기

폼나는 좀 멋진 친구 – 극락조화

황거누이 강의 정신 – 마오리 소포라

아버지처럼 무뚝뚝한, 그러나 듬직한 – 인도 고무나무

바람이 불어오는, 그곳에 두고 싶은 – 아레카 야자

사랑은, 눈물을 가득 품고 – 선인장

잎을 찢어서 빛을 나눠주는, 어머니 나무

– 몬스테라 델리시오사

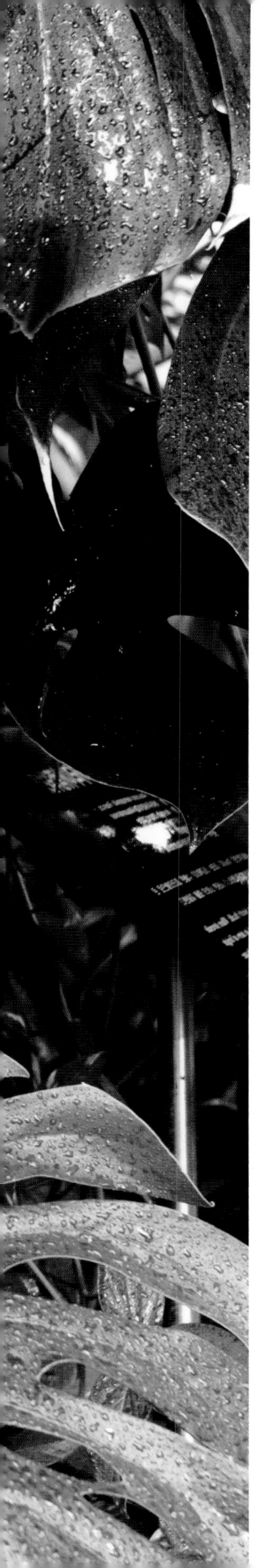

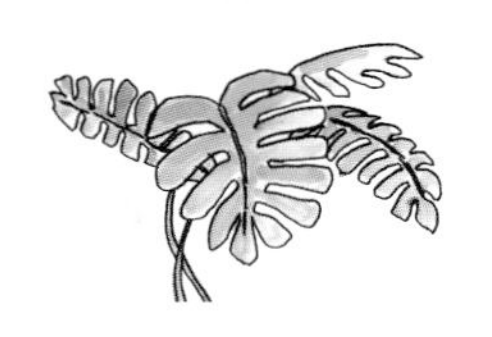

잎에 하나 둘 구멍이 뚫리더니 급기야 한 갈래 한 갈래 찢어지는 식물이 있었다. 시시각각 변하는 그의 모습에 사람들은 '괴물(몬스터)'이라는 이름을 붙여주었다. 그의 이름은 그렇게 시작되었다.

라틴어로 '이상하게 생긴'이라는 뜻인 몬스트룸(monstrum)이 어원인 몬스테라는 숭숭 뚫린 구멍 때문에 '스위스 치즈 식물'이라는 귀여운 별칭으로 불리기도 한다.

잎이 자라면서 뚫린 구멍이 스위스를 대표하는 치즈인 에멘탈 치즈나 그뤼에르 치즈를 연상시키기 때문이다. 또한 몬스테라의 찢어진 모양새를 가리켜 '아담의 갈비뼈'라고 부른다니 이브, 바로 여자인 어머니를 말하는 것이라고 하면 너무 앞서 간 것일까?

지금도 기억나는 어린 시절 한겨울밤의 괴담이 있다. 모든 것이 꽁꽁 얼어붙은 한겨울, 엄마가 마실 나가신 깊은 밤이었다. 혼자 남은 나는 뜨끈뜨끈한 방바닥에 엄마가 깔아주신 두툼한 이불 속에 누워 꼼지락거리다가 우연히 한지가 발라진 문에 눈길을 주었다. 그 순간, 문 너머 바깥에서 너울너울 희끄

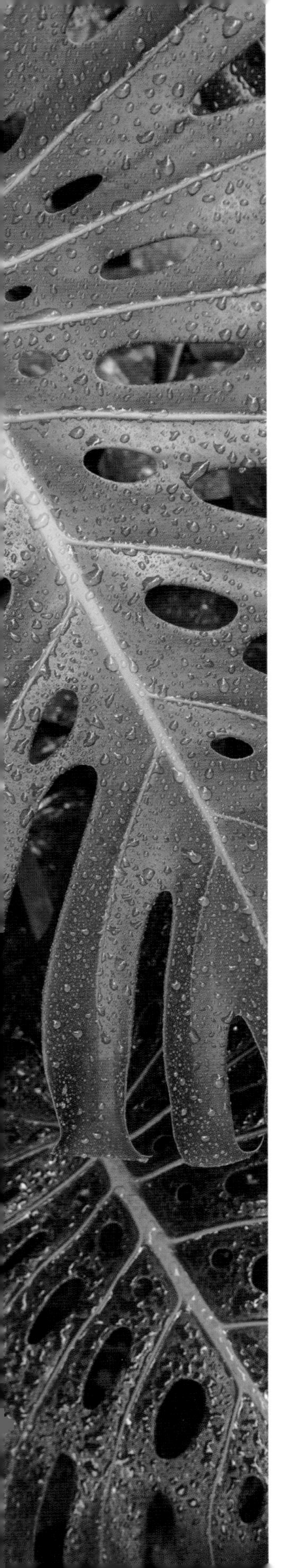

무례한 뭔가가 흔들리는 것을 보았다.

그것은 영락없는 귀신이었다. 귀신은 닫힌 한지 방문 앞을 소리 없이 흐느적거리며 왔다 갔다 했고, 때론 나를 향해 작은 손을 내밀기도 했다. 나는 너무 무서운 나머지 이불을 머리끝까지 뒤집어쓰고 눈을 꼭 감고 '엄마는 언제쯤 오실까' 오매불망 기다렸다.

벌컥 방문이 열리고 그토록 기다리던 엄마가 오고서야 귀신의 정체가 밝혀졌다. 빨랫줄에 걸린 엄마의 블라우스와 나의 양말이 그것이었다.

몬스테라 스토리 역시 '나의 귀신 이야기' 같은 것이 아닐까, 생각한 적이 있다. '스위스 치즈 식물'이라는, 식물의 모양만으로 지어진 이름으로는 속 깊은 식물의 이야기를 다 담아내지 못하는 것 같아 아쉬웠다. 내가 다시 이름 짓는다면 '울 엄마', 영어로는 '마더 플랜트'쯤으로 짓고 싶다.

몬스테라의 새순을 본 적이 있는가? 순 하나가 뾰족 머리를 내밀고 하루 이틀쯤 지나면 그 이파리를 펼치는데 구멍 하나 뚫리지 않은 순결한 잎이 열린 것이다. 어찌 보면 무척이나 평범하다. 하지만 위로 자랄수록 그 잎에 구멍이 뚫리고 급기야 찢어져 갈라져간다.

몬스테라 잎이 구멍이 나고 찢어지는 이유를 둘러싸고는 몇 가지 설이 있다. 비와 강풍을 견디기 위해서라는 설과 광합성을 위해서라는 설, 즉 아래쪽 잎에 햇빛을 잘 보내기 위해서라는 설이다. 이쯤 되면 왜 '어머니 나무'인지 짐작이 갈 것이다. 자기 몸에 구멍을 내고 심지어 찢겨가며 빛을 나눠주는 존재가 세상에 얼마나 있을까? 몬스테라 이파리 한 장에 울컥해지는 사연이다.

몬스테라라는 이름의 식물은 더 있다. 2014년 조사된 것만 해도 무려 48종이라고 한다. 이 중에서 우리가 만나는 식물은 '델리시오사', 스페인어로 '대단히 기분이 좋은, 매력적인, 맛있는'이란 뜻이다.

그렇다고 이파리를 뜯어 먹었다가는 큰일 난다. 몬스테라 수액에는 초식동물로부터 스스로를 보호하기 위한 독이 있다. 혹 피부에 닿았다면 최대한 빨리, 깨끗하게 씻어내야 한다.

그럼 무엇 때문에 '맛있다'는 수식어가 붙었을까? 바로 다 익은 열매 때문이다. 스파티필룸 꽃과 비슷한 모양의 하얀 꽃이 핀 다음에 옥수수처럼 길쭉한 모양의 열매가 맺히는데 잘 익으면 바나나와 파인애플을 섞은 듯한 달콤하고 상큼한 맛이 난다. 이 열매는 카리브해 사람들이 즐겨 마시는 음료의 재료로 쓰인다.

하지만 익지 않은 열매에는 독이 있으니 함부로 먹으면 안 된다. 또한 씨는 변비치료제로 쓰이니 버릴 것이 하나도 없는 식물이다. 예쁜 아이가 예쁜 짓만 하는 경우라고나 할까.

몬스테라는 고향인 열대 지방에서는 주로 코코넛나무나 불꽃나무 아래에 많이 심지만 어디서나 별 탈 없이 잘 자라는, 적응력이 좋은 식물이다. 하지만 몬스테라가 열대 식물이라는 사실을 잊지 말자. 고온다습한 환경이 적합하며 날씨가 추울 때는 성장도 더디다. 봄, 여름, 가을에는 늘 흙을 촉촉하게, 그리고 겨울에는 흙이 말랐을 때 충분히 물을 주는 게 좋다. 몬스테라를 실내에서 키우는 경우엔 가지치기를 하면서 키워야 뿌리까지 튼튼하게 자란다. 가지로 뻗어 갈 힘을 줄여야 뿌리가 지치지 않는다.

자를 때는 가위나 식칼을 사용하는데, 자르기 전에 소독해서 사용하는 것이 좋다. 가지치기의 유의사항이라면 잘라낸 가지에 작은 뿌리가 달려 있는 것이 좋다. 그래야 뿌리를 내리고 화분에 잘 안착할 수 있다.

잘라낸 몬스테라 잎은 투명한 물병에 꽂으면 그 이파리만으로 인테리어가 된다. 실내에 아름다운 초록 쉼표 하나 찍히는 일석이조의 인테리어다.

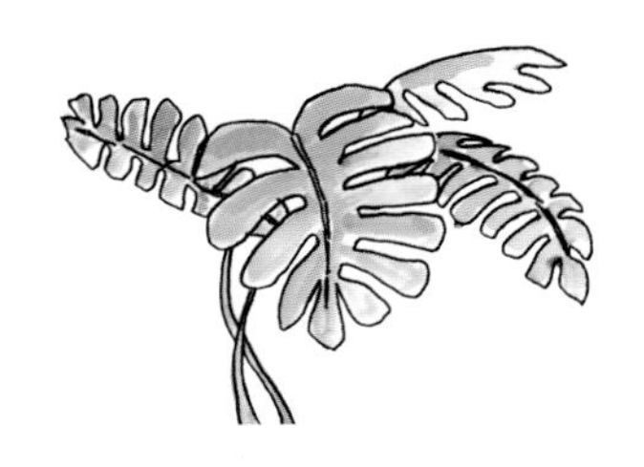

학명	Philodendron Pertusum
난이도	쉬운 편 (생명력이 강해 키우기는 쉬운 편이다)
특징	파인 잎의 조형미로 인해 인테리어 식물로 인기가 높다. 성장하면서 크기가 커져 공간을 많이 차지하므로 미리 감안하여 배치한다.
물주기	겉흙이 마르면 충분히 주고 공기 중 습도는 높게 유지해준다.
온도	20~25도, 겨울에는 5도 이하로 내려가지 않도록 주의한다.
습도	건조에 약하므로 습도는 높게 유지해준다.
분갈이	분갈이는 2년에 한 번 정도가 적당하다. 화분 밖으로 덩굴이 흘러나오게 되면 분갈이해주는 것이 좋다.
비료	한 달에 2번이 적당하고 겨울엔 안 하는 것이 좋다.
SOS 솔루션	직사광선에서 크고 풍성하게 자라지만, 한여름 직사광선은 피하는 것이 좋다.

고요한 강인함

– 보스턴 고사리

아이를 키우다보면 유독 손이 많이 가는 자식이 있는가 하면, 혼자서도 잘 크는 아이가 있다. 넘어져도 잘 울지 않고 툭툭 털고 일어나는 아이. 눈물 끝도 짧아 금방 배시시 웃는 아이. 그래서 더 사랑스러워지는 아이. 식물에서 그런 아이를 꼽자면 난 고사리과 식물, 바로 보스턴 고사리를 추천하겠다.

왜 그런 아이인지는 아래에서 하나하나 열거하겠지만 우선 식물 초보자가 언제든 기를 수 있는 식물이라는 점을 꼽을 수 있다. 이파리가 누렇게 마르고 다 죽었나 싶었다가도 물과 환경만 바꿔주면 언제 그랬냐 싶게 새순을 밀어내는 순하디 순한 아이다.

'고사리'란 이름은 원래 곡사리(曲絲里)에서 기역(ㄱ)이 탈락해 생겨난 이름이라고 한다. 고사리 새순이 올라올 때 말린 모습이 한자 '곡(曲)' 자와 유사하고, 실 같은 하얀 것이 식물체에 붙어 있어 '사(絲)'를 차용해 고사리가 됐다 한다.

영어로 고사리를 뜻하는 '터리도파이트(Pteridophytes)'는 '깃털 같은 식물(양치식물)'이라는 뜻인데 현재 우리 땅에서는 300여종 이상의 고사리가 자라고 있다고 한다. 한겨울에도 제주의 곶자왈을 방문하면 흔히 만날 수 있

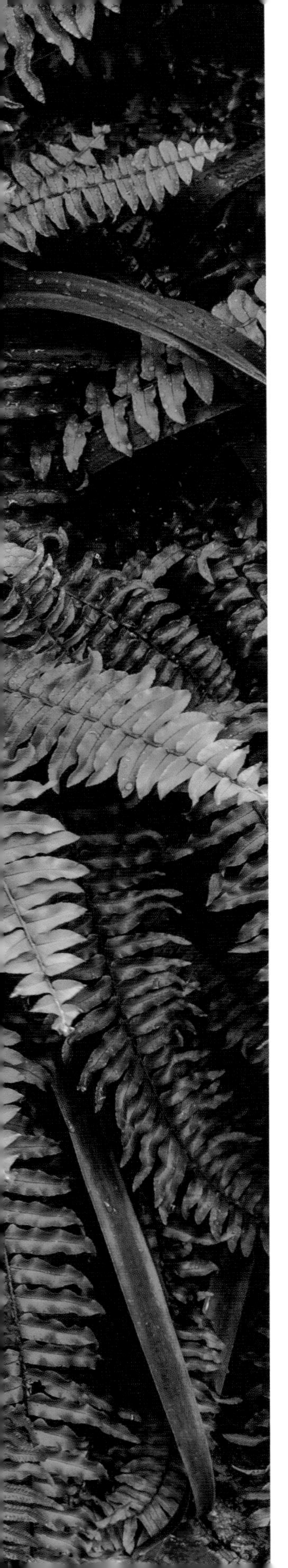

는데 제주어로 '곶'은 숲, '자왈'은 '나무나 넝쿨 등이 얽혀 수풀이 된 곳'을 뜻한다. 곶자왈은 돌무더기와 숲으로 이뤄져 있는데 한겨울에도 춥지 않고 한여름에도 덥지 않아 1년 내내 식물이 살 수 있는 양치식물의 보고다.

사실 한민족에게 고사리는, 역사적으로 문화적으로 함께 살아온 식물이었다. 밥상에서 흔하게 만나는 고사리나물은 어떤가. 중국의 백이, 숙제의 정신을 고사리에서 배웠으며 육개장에 고사리 넣고 양지머리 찢은 식감으로 먹은 구휼의 정신 또한 고사리에 있다.

예전엔 먹거리로 친숙했으나 요즘은 친구로 대하게 되었다. 언젠가부터 집집마다 보스턴 고사리나 더피 고사리 하나쯤 키운다. 우리나라 실내의 습한 환경에서도 잘 자라고 키우기 까다롭지 않아 어디를 가든 흔히 만난다.

보스턴 고사리라는 이름은 어떻게 붙여졌을까? 보스턴 고사리는 다른 고사리과 식물과 달리 잎이 아치형으로 죽죽 늘어지는 것이 특징이다. 그 모습이 아름다워 실내식물로 사랑받고 있다. 이런 모습이 필라델피아에서 보스턴으로 옮겨지는 도중에 발견되었다 하여 '보스턴 고사리'라는 이름이 붙었다고 한다. 어찌 보면 참 무성의한(?) 작명인데 덕분에 세련된 도시적인 이름을 얻은 셈이다.

보스턴 고사리는 풍성하고 아름다운 잎 때문에 빅토리아시대부터 실내식물로 사랑을 받아왔는데 NASA에서 인정한 포름알데히드 제거능력 1위를 차지했으니, 앞으로는 더더욱 사랑받을 가능성이 높다. 고사리과 식물 중에서 건조한 기후에 가장 강해 실내에서 쉽게 기를 수 있는 데다 상대습도 증가량이 52.85%로 실내 습도를 높이는 데 큰 도움이 된다. 그러므로 건조하거나 탁한

공기의 실내에서도 천연 가습 음이온 방출로 상쾌함을 느낄 수 있다.

자연 상태에서는 50~250센티미터까지 크게 자란다는데 우리가 키우는 것들은 대개 60센티미터 정도이다.

보스턴 고사리의 특징인 잎은 뿌리에서 바로 자라서 방사상으로 퍼지며 아래로 늘어져 아름다운 모양을 보여준다. 하지만 양치식물은 포자로 번식하므로 꽃은 피지 않는다.

또한 음지에서 잘 자란다고 해도 실내 재배 시 봄과 가을에 충분한 햇빛을 받게 하는 것이 좋다. 그래야 포기가 바르게 자라고 잎의 색깔도 진해진다. 혹 방 안에 깊숙이 넣어두었다면 틈틈이 한 번씩 볕을 쐬어주자.

자라기 적당한 온도는 10~24도 정도인데 5도 이하로 내려갈 경우 살기 힘들다. 뜨거운 열대 지역에서 넘어온 식물이기 때문이다. 물론 축축한 곳을 좋아하는 식물이라는 점도 잊지 말자. 아무리 건조한 기후에 강하다 해도 태생이 '고사리과'라는 사실을 잊지 말아야 한다. 물이 부족하면 잎 끝이 갈색으로 변하거나 떨어진다. 하지만 변색된 이파리를 가위로 잘라내고 다시 물만 잘 맞춰줘도 새 잎이 돋아난다. 심지어 깜박 잊고 추운 바깥에 두는 바람에 서리를 맞아 죽은 듯 보여도 따뜻한 실내로 가져와 봄까지 기다려보면 언제 죽었냐는 듯 회생하는 강인한 생명력을 가졌다.

전문가들은 햇빛이 들지 않는 곳에서 키울 수 있는 대표적인 식물로 보스턴 고사리, 후마타 고사리, 더피 고사리, 묘이 고사리를 추천한다. 공기가 잘 안 통하는 눅눅한 화장실에서도 제법 잘 자란다. 집에서 고양이와 함께 키워도 안심할 수 있는 식물 중 하나로, 참으로 순하고 덕이 많은 아이이다.

무엇보다 공룡시대부터 살아남은 고요한 강인함을 배운다. 꽃 한 송이 피우지 않고도 오랫동안 사랑받는 비결은 그것 아니었을까 싶다. 내 아이도 그런 아이로 컸으면 싶다.

학명	Nephrolepis Exaltata
난이도	쉬운 편
특징	선사시대 이전부터 존재해온 식물. 섬세한 잎이 매력적이어서 인테리어 효과는 물론 공기정화 능력이 뛰어나 반려식물로 알맞다.
물주기	건조한 환경에 취약하므로 촉촉하게 유지해줄 필요는 있으나, 흙 대신 잎에 분무해주는 것이 좋다.
온도	15~30도의 상온을 유지해주는 것이 좋으며, 겨울철에도 10도 이상을 유지하도록 한다.
습도	높은 습도를 유지해주는 것이 좋다.
분갈이	화분에 비해 크기가 너무 커지면 큰 화분으로 옮겨 심어주는 것이 좋으며, 시기는 봄이 적당하다.
비료	물비료를 타서 한 달에 한 번 정도 주는 것이 좋으며, 겨울철에는 지양하는 것이 좋다.
SOS 솔루션	병해충이 생길 경우, 화학 살충약에 약하기 때문에 문제가 생길 경우 바로 잎을 제거해주는 것이 좋다. 건조한 상태에서 자주 발생하므로 공중습도를 높게 유지해주는 것이 좋다.

레옹의 메타포

– 아글라오네마

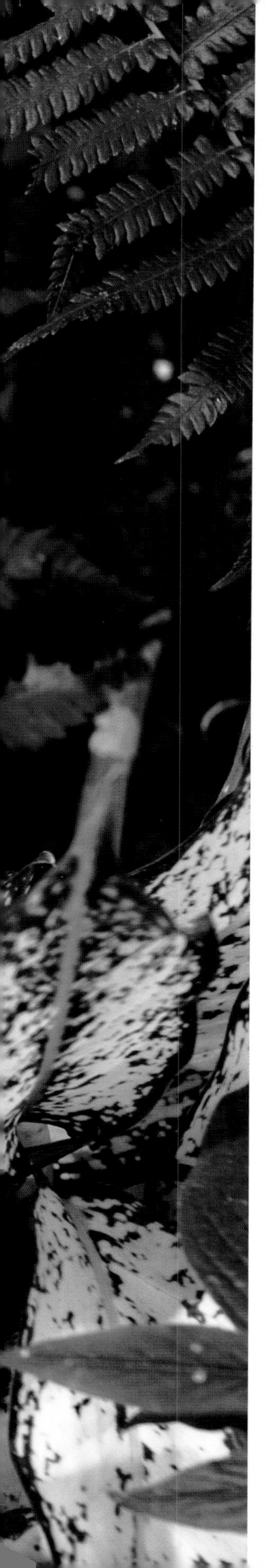

레옹이 마틸다에게 말한다.

"이것 봐, 뿌리가 없어."

마틸다가 말한다.

"아저씨가 정말 그 아일 사랑한다면, 공원에 심어서 뿌리가 날 수 있게 해야죠."

영화 「레옹」(1994)에서 '화분을 든 킬러' 레옹이 사랑한 식물이 있다. 분무기로 물을 뿌려주고, 외출할 때는 햇볕을 듬뿍 받을 수 있도록 창가에 놓아주며 애지중지 키우던 그 식물의 이름은 아글라오네마이다. 정확한 이름은 아글라오네마 실버퀸. 은빛과 녹색이 어우러져 고급스러운 느낌이 물씬 풍기는 멋진 잎을 가졌다.

아글라오네마는 「레옹」에서 상당히 중요한 메타포로 등장한다. 즉, 대지에 뿌리내리지 못하고 부평초처럼 떠도는 주인공의 운명을 상징하고 있다. 레옹과 함께 이 화분 역시 어디에도 뿌리내리지 못하고 이리저리 옮겨 다니는 신세다. 늘 혼자인 레옹에게 아글라오네마는 누구라도 인정하는 반려식물이다.

레옹과 마틸다는 도망을 다닐 때에도 화분만은 꼭 안고 떠났다.

아글라오네마의 이파리를 들여다보노라면, 시간 가는 줄 모르게 된다. 다양한 색과 무늬를 가진 넓적한 잎, 핑크빛 잎맥을 가진 것부터 초록과 연둣빛이 조화를 이룬 이파리, 흰색과 연둣빛, 강렬한 레드가 대부분인 것까지 그 종류가 50여 가지나 되는데 어느 하나 빠지는 것 없이 아름답다.

잎맥의 색이 독특하고 선명해서일까? 아글라오네마의 어원은 그리스어로 '밝다(아글로스, aglos)'와 '실(네마, nema)'이 합쳐진 것이라고 한다.

식물을 사랑하는 이가 레옹뿐이겠는가. 요즘 들어 식물 애호가가 급증하고 있다. 통계청 발표를 보면 우리나라의 2019년 기준 1인 가구는 전체 가구의 29%에 이른다. 2000년에 15%였던 것이 20년이 채 지나지 않은 동안에 2배 가까이 늘어난 것이다. 그리고 다른 설문조사에선 거의 70%의 사람들이 반려식물을 키우는 사람들에게 공감한다고 밝히고 있다. 『2018 대한민국 트렌드』(최민수 외 지음)는 이 현상에 대해 "식물에게나마 마음을 주고 의지할 수밖에 없는 현대인들의 '고독'과 '외로움'을 상징적으로 보여주는 변화로 볼 수 있다."고 분석한다. 또 다른 레옹의 이야기가 시작된 사회가 된 것이다.

그런 의미에서 아글라오네마의 출현은 반갑다. 가격이 비싸지도 않고 크기도 그리 크지 않아 어떤 공간에서도 키우기 쉽다. 원산지는 주로 말레이시아이며, 'spotted evergreen', 'silver evergreen'으로도 불린다. 레옹이 애지중지 키웠던 실버퀸은 세계적으로 가장 널리 알려진 품종으로 1960년대에 보급되었는데, 회녹색 바탕에 흰색과 은색의 얼룩무늬가 특징이다.

반음지에서도 잘 자라지만 햇빛을 쐬어주면 가장자리와 주맥의 빛이 훨씬 선명해진다. 예쁘게 키우려면 햇빛과 바람을 통해주는 게 좋다. 하지만 추위에 약하므로 겨울철엔 15도 이하로 떨어지지 않도록 잘 관리해야 한다. 사람들은 레옹이 감기에 걸릴까 봐 늘 모자를 쓰고 다니는, 그러니까 추위를 잘 탄다는 행위 역시 자신과 아글라오네마를 동일시한다는 메타포라고 이야기하기도 한다.

아글라오네마는 수경재배로도 잘 자란다. 하지만 줄기까지 푹 담가두면 줄기가 썩을 수도 있으니 뿌리 부분만 담가두는 것이 좋다.

'골라 먹는' 재미가 있는 아이스크림이 있다면 '골라 기르는' 재미가 있는 식물도 있다. 아글라오네마가 딱 그런 식물이다. 레옹이 사랑한 실버퀸 이외에 실버킹도 있고, 에메랄드 뷰티, 마리아 크리스티나, 퀸 오브 시암, 랩소디 인 그린, 아멜리아, 그리고 그린 마제스티와 같은 엘리트 시리즈. 천홍, 보석, 리치, 썬 몬콘, 포썸, 엔젤. 스노우 사파이어, 핑크 사파이어 등 수많은 종이 있다. 최근에는 화사한 빛깔의 품종 '오로라'까지 유통되고 있다.

아글라오네마는 열대 아시아에 약 50여 종이 분포하고 있는데 수많은 교배종까지 합한다면 수백 종으로, 그 종류를 모두 짐작하기 어렵다. 또한 같은 품종이거나 비슷한 품종일지라도 나라와 지역에 따라서 다르게 부르고 있어서 종이나 품종을 정확하게 분류하는 일은 쉽지 않다고 한다.

그중에서 우리에게 사랑받는 대표적인 식물은 NASA 공기정화 식물로 선정된 아글라오네마 실버퀸이다. 실버퀸은 이름 그대로 짙은 녹색 바탕에 연한 그린이 조화를 이룬 품종이다. 또한 우리가 흔히 만날 수 있는 품종은 핑크

톤의 무늬가 잎과 줄기에 나타나는 아글라오네마 하이브리드, 이파리 가장자리에 붉은 립글로스를 바른 듯한 시암 오로라, 핑크와 초록의 대비가 아름다운 엔젤, 초록보다 붉은 빛이 대부분인 레드, 초록은 거들 뿐, 연한 아이보리빛 이파리를 가진 스노우 사파이어 등도 있다.

아글라오네마 실버킹은 실버퀸과 매우 비슷하지만 녹색 줄무늬가 적고 희미한 것이 특징이다. 에메랄드 뷰티는 아글라오네마 마리아 품종의 다른 이름으로, 반점이 뚜렷하다. 실버퀸보다 좀 느리게 자라며 키가 작고 아담해서 작은 화분에 심는 것이 더 매력적이다.

무엇보다 아글라오네마는 비슷하게 생긴 '칼라데아'에 비해 훨씬 기르기 쉬운 화초 가운데 하나다. 일조량이 적은 곳에서도 잘 자라며, 웬만한 환경에서도 끄떡없다.

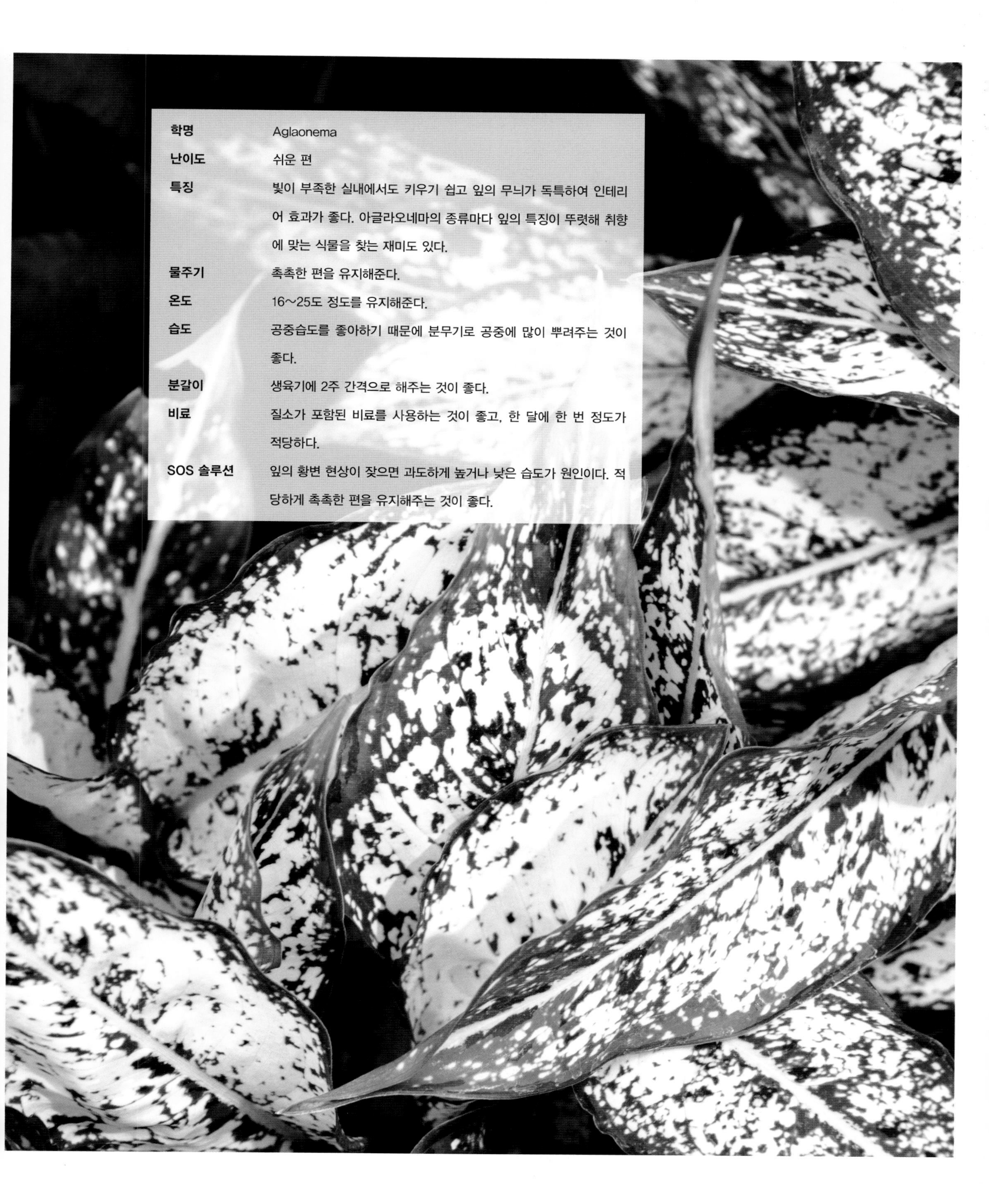

학명	Aglaonema
난이도	쉬운 편
특징	빛이 부족한 실내에서도 키우기 쉽고 잎의 무늬가 독특하여 인테리어 효과가 좋다. 아글라오네마의 종류마다 잎의 특징이 뚜렷해 취향에 맞는 식물을 찾는 재미도 있다.
물주기	촉촉한 편을 유지해준다.
온도	16~25도 정도를 유지해준다.
습도	공중습도를 좋아하기 때문에 분무기로 공중에 많이 뿌려주는 것이 좋다.
분갈이	생육기에 2주 간격으로 해주는 것이 좋다.
비료	질소가 포함된 비료를 사용하는 것이 좋고, 한 달에 한 번 정도가 적당하다.
SOS 솔루션	잎의 황변 현상이 잦으면 과도하게 높거나 낮은 습도가 원인이다. 적당하게 촉촉한 편을 유지해주는 것이 좋다.

'1905년, 애니깽'의 슬픔을 아시나요

– 아가베(용설란)

젊은 남자 둘이 한 병실에 입원하게 되었다.

한 남자가 말했다.

"내 머릿속에 주먹 만한 종양이 있대. 며칠 못 산대."

다른 남자가 말한다.

"나는 골수암 말기래."

그때 병실 벽에 걸려 있던 십자가가 냉장고 위로 뚝, 떨어진다. 그 충격으로 냉장고 문이 열린다. 그 안에는 술병이 들어 있다. 둘은 술병을 들고 병원 구내식당으로 간다. 식당 냉장고를 뒤져 레몬과 소금을 찾아낸다. 술을 들이킨다.

삶의 여행을 끝낸 둘은 그토록 가고 싶었던 바다로 술병을 들고 걸어간다. 죽기 직전 두 남자는 다시 술을 나눠 마신다.

죽음을 앞둔 두 청년의 일탈을 통해 삶과 죽음을 이야기하는 영화 「노킹 온 헤븐스 도어」(1997)에 중요한 오브제로 등장하는 술이 '테킬라(Teguila)'이다. 영화에서 테킬라는 죽음을 앞두고 절망에 빠진 두 청년에게 건

네는 독한 위로이다. 테킬라는 고급술이 아니다. 우리의 소주처럼, 주머니가 가볍고 마음이 황량한 사람들의 벗이 되어주는 술이다. 안주만 보아도 알 수 있다. 레몬과 소금이라니, 얼마나 간단하고 저렴한가?

식물 이야기에 갑자기 웬 술타령인가 싶겠지만 테킬라의 원재료가 여기서 소개하려는 용설란(아가베)이다. 아가베의 수액으로는 '풀케'라는 탁주를 만드는데 풀케는 우리의 막걸리 비슷한 멕시코의 토속주로 아메리카 대륙 최초의 술로 인정받고 있을 정도로 오랜 역사를 자랑한다. 멕시코 정복자 에르난 코르테스가 1524년 10월 15일 스페인 카를로스 1세에게 "풀케는 이곳 원주민들이 마시는 포도주다."라고 보고한 문서가 있을 정도다. 풀케는 불투명한 우윳빛에 점성이 있고 신맛이 나는데, 이 풀케를 증류하면 테킬라가 된다.

용설란, 그러니까 아가베는 멕시코 역사와 문화, 그리고 경제에 가장 중요한 식물이다. 원래 테킬라는 멕시코 원주민들이 전쟁에 나가기 전 어쩌면 마지막일지도 모를 아내와 마시는 비장한 이별의 술이었다.

멕시코인들뿐인가? 아가베는 우리의 슬픈 근대사와도 인연이 깊은 식물이다. 1905년, 을사늑약이 체결되고 일제의 압제가 날로 심해지던 그해에 '농업이민'이라는 명목으로 멕시코로 건너간 1,033명의 조선인들이 있었다. 그들 대부분은 멕시코의 열악한 '애니깽(용설란)' 농장에서 혹심한 중노동에 시달렸다. 애니깽은 스페인어 '에네켄(Henequén)'의 한국식 발음이다. 오늘날로 치면 그들은 '외노자(외국인 노동자)'였던 것이다. 말도 통하지 않고 문화도 자연환경도 모든 것이 낯선 머나먼 타국, 사정없이 내리쬐는 쨍쨍한 햇빛, 가마솥처럼 푹푹 찌는 날씨에 '애니깽' 가시에 수없이 찔려가며 하루 종일 고된 노동은 물론이고, 힘없는 민족으로 온갖 설움도 겪었다. 남미의 최하층민들도 꺼렸던 애니깽 농장의 고된 노동을 감수해야 했던 그들에게 애니깽은 피, 땀, 눈물이자 밥이었다.

> "생각도 하기 싫은 지옥이었다. 매일 새벽 3, 4시에 일어나 아침식사 준비를 하는 것이 일과의 시작이었다. 키 낮은 유년생 애니깽 가지를 자르려면 온종일 허리를 굽히고 일해야 했다. 애니깽은 돌밭에도 뿌리를 내린다. 억센 줄기를 다듬으려면 푹푹 찌는 열대의 날씨에도 두꺼운 옷을 입어야 했다. 그럼에도 날카로운 가시는 살을 파고들었다."

그러고 보면 아가베는 서민들을 위로하기도 고통스럽게도 하였다. 사실 식물이 무슨 죄인가, 인간의 욕심이 문제지.

'아가베'란 단어를 검색하면 맨 위에 뜨는 단어가 '아가베 시럽'이다. 아가베란 이름 때문에 아기 이유식에 사용한다는 소식도 들린다. 하지만 단맛에 길들인다는 점에서 반대한다는 포스팅 역시 많다. 인간을 길들이는 단맛과 술. 아가베가 가진 특성인가 보다. 반려식물로도 아가베는 그런 모양새를 갖췄다.

알로에 비슷한 느낌도 드는 아가베 아테누아타는 이파리만으로도 거대한 한 송이 꽃이 피어난 것 같다. 잎이 용의 혀처럼 생겼다고 해서 '용설란'이라고도 부른다. 앞에서 이야기했듯이 아가베는 멕시코에서 온 식물이다. 따뜻한 나라에서 왔으니, 당연히 실내에서 관상용으로 길러야 한다. 호기심에 술 만들어 볼 생각은 하지 말자. 적어도 노지에서 12년 이상 자란 식물이어야 술을 빚을 수 있고, 그렇게 따지면 술값보다 식물값이 훨씬 더 비싸니 말이다.

아가베도 꽃을 피운다. 하지만 10년 이상을 키워야 한다. 그런데 사람들은 조금 더 과장한다. 100년에 한 번 꽃이 핀다고 하며 '세기식물'이라는 이름도 만들었다. 아가베는 겹겹이 자라나는 식물이다. 안에서 새 잎이 계속 올라온다. 그러다보니 아래쪽 잎들은 하나둘 노랗게 변하며 진다. 자연스러운 현상이니 걱정할 필요 없다. 다만 새잎이 돋지 않는데 아래쪽 잎만 떨어진다면 키운 과정을 복기해봐야 한다.

기본적으로 건조하게 관리해주는 것이 좋다. 물은 한 달에 한 번 정도가 적당하며 겨울과 장마철에는 물주기를 더 길게 잡아 과습에 주의해야 한다. 온도는 22~28도가 적당하며 당연히 겨울철에는 실내에 들여놓아야 한다. 한여름의 강한 직사광선은 피하는 것이 좋으며 통풍은 기본이다.

아가베는 분갈이 후에 바로 물을 주면 안 된다. 뿌리가 자리를 잡은 뒤에 물을 주는 것이 좋은데 뿌리가 자리 잡는 데에 걸리는 기간은 2주 정도이다. 아래쪽에서 떨어지기 시작하는 잎은 억지로 뜯지 말고 놔두는 것이 좋다. 미관상 좋지 않아 잘라야 한다면 바짝 자르지 않고 3~5센티미터 정도 남기고 잘라주는 것이 좋다.

아가베는 공기정화 기능과 전자파 차단 기능이 탁월하여 공부방에 자주 배치되는 식물 중 하나인데 식물이 잘 자란다면 아이 공부방의 상태 역시 최상이라는 사실을 잊지 말자. '집의 건강 상태를 식물로 체크한다' 정도로 생각해두자.

학명	Agave
난이도	중간
특징	100년에 한 번 꽃이 핀다고 과장하여 '세기식물'이라고도 한다. 꽃이 필 경우 큰 원뿔형을 이루며 끝에 많은 꽃이 달린다. 온실에서 관상용으로 많이 찾는 식물 중 하나이다.
물주기	다육식물이므로 물은 자주 주지 않는 것이 좋으며 겨울철에는 더 줄이도록 한다.
온도	추운 환경을 잘 견디는 편이고 20도 정도를 유지하는 것이 좋다.
습도	보통의 습도에서 키우는 것이 좋고, 다습한 환경은 피하는 것이 좋다.
분갈이	2~3년에 한 번
비료	겨울을 제외하고 한 달에 한 번이 적당하다.
SOS 솔루션	해충이 거의 생기지 않으나, 과습인 경우 탄저병 또는 곰팡이가 생길 수 있다. 건조한 환경을 유지해주며, 감염된 부분은 잘라 없애야 한다.

유년의 추억, 그리고 개구리 왕눈이의 이파리 우산

– 알로카시아 아마조니카

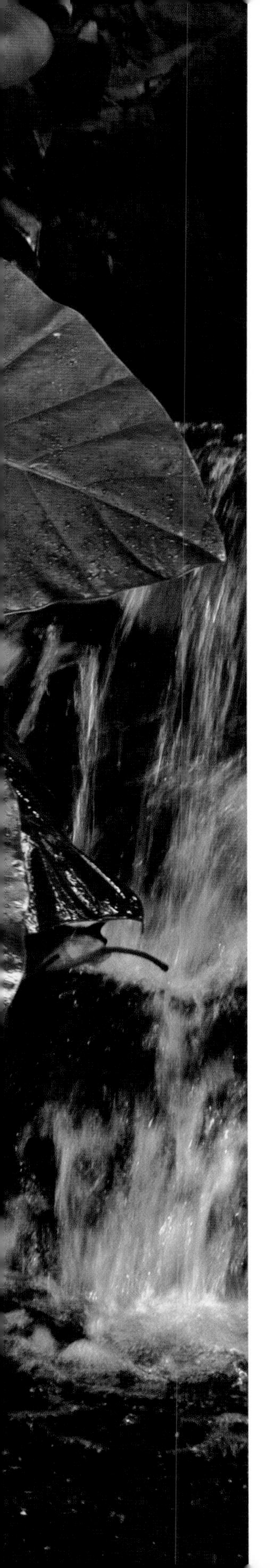

'개구리 소년, 빰빠밤, 개구리 소년, 빰빠밤, 네가 울면 무지개 연못에 비가 온단다'로 시작되는 주제가 선율이 아련한 추억의 만화영화 「개구리 왕눈이」를 기억하는가?

마음씨 곱고 피리를 잘 부는 개구리 왕눈이는 못된 투투의 딸 아로미를 좋아하는데, 왕눈이가 비 오는 날이면 쓰고 다녔던 이파리 우산이 있었다. 어린 시절 나는 그 이파리 우산이 가끔 밭에서 보았던 토란잎이라고 생각했다. 이파리가 크고 넓고 빗방울이 또르르 굴러 내리기에 우산으로 그만한 물건은 없었으니까. 반면 연꽃을 키우던 친구는 '아니다, 연잎이다'라고 주장했는데, 하여간 우리들의 주장은 둘 다 흐지부지되고 말았다. 이파리 모양이 닮은 듯 닮지 않았고, 지금처럼 인터넷에 물어볼 수도 없었던 시절이었기 때문이다.

두 꼬마 초등학생이 그토록 궁금했던, 그리고 논쟁의 대상이었던 왕눈이 우산의 정체가 바로 알로카시아다. 정확한 품종까지 말하자면 알로카시아 오도라다. 사실 알로카시아라는 식물 자체가 우리나라에 소개된 지 얼마 되지 않았으니, 두 꼬마가 절대 맞출 수 없는 식물이었다.

하트 모양의 우산 같은 큰 잎과 굵은 줄기의 우아한 자태의 알로카시아

오도라, 그리고 아메리카 원주민들의 방패 모양의 잎 모양이 인상적인 알로카시아 아마조니카는 그 독특함으로 '관엽식물의 귀족'이라고도 불린다.

알로카시아를 키워본 사람이라면 누구나 물을 흠뻑 주고 난 아침이면 잎에 맺힌 물방울을 본 적이 있을 것이다. 기분 좋은 아침일 땐, 산속의 이슬방울을 만난 것처럼 마음이 싱그러워지고, '힘든 하루가 다시 시작되는구나' 싶은 아침엔 알로카시아가 함께 울어주는 느낌이 들기도 한다. 나와 함께 울어주는 식물이 달리 또 어디 있겠는가? 괜히 위로받는 기분이 들기도 하고 그 감동으로 울적한 하루가 조금 나아진다.

그래도 나아지지 않으면 함께 실컷 울어보아도 좋다. 나도, 알로카시아도, 함께 눈물 한 방울 흘리고 나면 무언가 천천히 잊게 된다. 좋은 일이든, 그렇지 않은 일이든.

알로카시아는 기품 있고 귀족적인 자태에 비해 키우는 방법은 아주 서민적(?)이다. 흙이 바짝 말랐을 때, 열흘마다 한 번 정도 물을 주면 된다. 햇빛은 직사광보다는 간접광이 좋다. 과한 직사광선은 넓은 잎을 마르게 할 수 있기 때문이다. 해가 잘 들고 통풍이 잘 되는 입구나 창문 옆에 두는 게 좋다.

알로카시아는 말레이시아, 필리핀 등이 원산지이므로 아시아 열대 지방 식물답게 당연히 추위에 약하다. 키우기에 가장 적합한 온도는 16~20도 정도이므로 서늘한 실내나 아파트 베란다가 적당하다. 물론 따뜻한 실내에서 바람과 햇빛만 충분하면 너무나 잘 자라는 식물이다.

알로카시아 역시 NASA가 인정한 공기정화 식물이다. 아름다운 이파리만으로 훌륭한 조경 식물이자, 성장이 빨라 늘 새순을 쑥쑥 밀어낸다. 잘 자라는 만큼 영양분은 부족할 것이니 적당한 때에 분갈이가 필요하다. 분갈이할 여유가 되지 않으면 영양제 보충이라도 해줘야 한다. 이파리가 많을수록 풍성해 보인다. 하지만 뿌리가 힘들어할 수도 있다는 사실도 잊지 말자.

보통 잎이 서너 개 정도 있는 것이 적당하다. 요즘 가구도 살림도 미니멀이 대세다. 가끔은 식물에게도 적용해도 좋겠다. 가을 낙엽이 떨어져야 나무가 살아갈 수 있듯이, 잎 개수가 좀 많아졌다 싶으면 가지치기를 해주는 것도 좋다. 가지치기를 할 때는 전지가위 대신 꽃가위나 칼로 잘라도 된다. 자를 때에는 목대에서 한 뼘 정도 여유를 두고 자른다. 다만, 알로카시아의 가지를 칠 때 반드시 기억하자. 절대로 맨손으로 하지 말 것! 가능하면 장갑을 끼고, 정 없다면 주방용 비닐장갑이라도 끼고 하는 게 좋다. 줄기에 독성이 있어 손이 가렵거나 심하면 붓기도 한다. 혹 손에 묻었다면 바로 씻어내야 한다.

그 외에도 과습을 조심해야 한다. 습기가 빨리 마르지 않기 때문에 물을 줄 때는 흙이 잘 말라 있는지 반드시 살펴본다. 과습을 피하기 위해 화분에 나무젓가락을 꽂아두는 것도 좋은 방법이다.

알로카시아는 물이 충분하면 필요 없는 수분을 이파리로 내보낸다. 잎에 물이 방울방울 맺혀 있는 모습은 초록의 싱싱함으로 느껴져 기분 좋은 하루를 맞이하곤 하지만 개인적으로 나는 알로카시아의 눈물 때문에 낭패를 본 기억이 있다. 처음으로 들인 알로카시아를 카펫 한쪽 위에 두었다가 카펫이 축축하게 젖어버린 것이다. 그 물방울은 산속의 맑은 이슬방울과 다르다. 알로카시아 잎 끝에 맺힌 물엔 약간의 독성이 있다. 성인들은 큰 문제 없지만 어린아이나 반려동물에게 닿지 않도록 주의해야 한다.

이렇게 설명하고 나니 알로카시아가 독을 가진 '센 여인' 같은 느낌이 든다. 장미에 가시가 있듯 알로카시아의 독은 살아가는 생존법이라 여기자.

알로카시아에도 꽃이 핀다. 잎 속에 감싸인 듯한 모습으로 수줍게 얼굴을 내민다. 화려하진 않지만 무척 사랑스럽다. 그 때문인지 알로카시아의 꽃말은 '수줍음'이다.

알로카시아 아마조니카는 알로카시아 오도라와는 사뭇 다른 모양을 자랑한다. 여기서 아마조니카(amazonica)는 '아마존'이라는 뜻이다. 아마존 어느 부족의 방패를 닮은 탓일까? 거북의 등껍질을 닮았다 하여 거북 알로카시아로 부르기도 한다. 코끼리의 귀를 닮아 영어로는 엘리펀트 이어(elephant's ear)로 부른다. 창끝 모양의 큰 잎에 암녹색의 잎색에 하얀 엽맥이 무척이나 독특한데 콜롬비아, 페루가 원산지이다. 현재 열대 아시아와 열대 아메리카에 약 70종이 난다고 한다. 반그늘 식물로, 18~30도 사이에서 잘 자란다.

아마조니카의 꽃은 오도라의 꽃과 비슷하지만 훨씬 아름답다. 남성적인 이파리와 여성적인 연핑크색 꽃의 조화는 반전매력이 무엇인지 확실하게 보여준다.

학명	Alocasia
난이도	어려운 편
특징	공기정화 능력이 타월하며 천연가습기라고 해도 손색이 없다. 넓고 큰 초록색 잎을 가지고 있어 인테리어 식물로도 적당하다.
물주기	2~3주에 한 번 잎에 분무해준다.
온도	20~25도를 유지해주며, 15도 이하는 피하는 것이 좋다.
습도	높은 공기습도를 좋아하나, 잎이 과습에 쉽게 물러지는 경우도 있다. 적당히 높은 습도를 유지해준다.
분갈이	1년에 한 번, 봄이 적당하다.
비료	생육 시점부터 봄~가을 사이에 두 달에 한 번 정도 준다. 겨울에는 주지 않는 것이 좋다.
SOS 솔루션	진딧물, 응애가 잘 발생하는데 공중습도를 높이고 살수를 자주 하여 방지해주는 것이 좋다. 해충이 생길 경우 통풍이 잘 되는 곳에 두는 것도 좋다.

폼나는 쫌 멋진 친구

– 극락조화

화초 하나를 들였는데 새가 날아들었다. 이런 걸 일석이조라고 하는 걸까. 극락조화에 꽃이 피기 시작했다. 새순 하나가 솟더니 가지 끝이 몽실해진다. 분명 새 가지 돋는 것과는 다른 움직임이었다. 어느새 가지 끝이 벌어지고 주황빛 꽃이 얼굴을 내민다. 그렇게 매일 조금씩 꽃잎을 열어갔다. 그걸 지켜보느라 화분 앞에서 매일 서성이게 되었다.

신기하게도 극락조화를 집에 들이고 나서 아침이면 미소를 짓고 있었다. 사실 '아, 행복하다!'라는 말이 나올 만큼 극적인 건 아니다. 다만 집에 들어오면 제일 먼저 다가가 눈길 한 번 쓱 주었다.

가끔은 사진을 찍어두었다가 친구들에게 자랑하곤 했다. 자식 사진 보여주고 자랑하는 친구들에게 '누군 자식 없냐'면서 극락조 사진을 보내주었던 기억이 떠올랐다.

꽃 하나가 나를 그렇게 바꾸었다. 사실 극락조화의 매력은 꽃에만 있지 않다. 처음 화원에서 발견하곤 그냥 첫눈에 반했다. 내가 가지지 못한 시원하게 쭉 뻗은 길고 호리호리한 몸매에, 그리고 그 푸르름에 데려오지 않을 수 없었다.

극락조화는 집 한 귀퉁이에서 그 존재만으로도 청량했다. 그러던 것이 꽃이 피자 좀 호들갑스러워졌다고 해야 할까? 그렇게 우리는 친구가 되어갔다. 키 크고, 폼 나는, '쫌' 멋진. '극락'이라는 이름조차 환상적인 멋진 친구.

사실 나에게 꽃과 식물은 반려 이상의 의미이다. 남편을 만나 소를 키우고 한우고기집을 열기까지, 바쁜 와중에도 나의 쉼터는 그림을 그리거나 원예를 공부하는 것이었다. 남들에겐 작은 취미 활동으로 보였겠지만 나에겐 삶의 에너지였고 덕분에 사는 일에 재미가 붙었다. 더 열심히 살았다. 당시엔 무언가 하고 있다는 자체로서도 기뻤으나 시간이 지나자 차차 실력이 늘어갔다. 결국 꽃 예술을 배우기로 결심했다.

전남대 대학원에서 응용생물학을 전공하여 석사학위를 받고, 독일로 넘어갔다. 독일 FDF플로리스트 자격증을 따기 위해서였다. 그렇게 나와 식물과의 삶이 시작된 것이다.

이파리만 무성하던 극락조화가 화려하고 아름다운 꽃을 피워내는 일. 내가 꿈꾸던 삶과 닮았다. 내가 만지는 꽃들은 늘 화려하다. 몸은 힘들어도 꽃을 만지는 일은 늘 평화로웠다. 이해인 수녀의 시구가 딱 내 마음이었다.

네가 울고 싶으면

꽃을 보아라

웃고 싶어도

꽃을 보아라

늘 너와 함께할

준비가 되어 있는 꽃

꽃은 아름다운

그만큼 맘씨도 곱단다

변덕이 없어

사귈 만하단다

네가 나를 만나기 오기 전

꽃부터 먼저 만나고 오렴

그럼 우린 절대로

싸우지 않을 거다

누구의 험담도 하지 않고

내내 고운 이야기만 할 거다.

- 이해인, 「꽃을 보고 오렴」

극락조화 이야기를 하다가 사설이 길어졌다. 극락조화는 파초과에 속하는 다년초로 높이가 1미터에서 2미터에 이르는 상당히 큰 화초다. 남아프리카 희망봉이 원산지로 꽃 모양이 오스트레일리아에 서식하는 극락조의 꽁지를 닮았다 하여 극락조화(bird-of-paradise flower)라는 이름으로 불리게 되었다. 뿌리가 제법 굵고 줄기는 없는 것이 특징이다.

가끔 극락조화와 여인초를 헷갈리는 분들이 많은데 편의상 꽃이 피면 극락조화, 꽃이 피지 않으면 여인초로 구분한다. 여인초는 잎이 길면서 둥근 모양이고 극락조에 비해 잎이 얇으며, 꽃이 피지 않는다. 반면 극락조화는 잎이 길고 갸름하며, 두껍고, 꽃이 피며 최대 2미터까지 자란다.

둘 다 그늘에서도 잘 자라 실내에서 키우기 쉬운 식물이다. 극락조화는 꽃도 아름답지만 잎이 크고 길쭉한 것이 바나나잎을 닮아 그린 인테리어 식물로 널리 사랑받고 있다.

극락조화 키우기는 별로 어렵지 않다. 아프리카 출신답지 않게 적당한 햇빛만 있으면 쑥쑥 잘 자란다. 하지만 요즘은 하우스에서 자라 시중에 나온 것들이 많아 직사광선보다는 간접광이 많이 드는 창가나 베란다가 좋다. 물주기는 주 1회 정도가 적당한데 항상 환경에 따라 물주기가 달라질 수 있다는 점을 잊지 말자. 보통 화분의 흙을 손톱만큼 파보고, 흙이 보슬보슬하게 느껴질 때, 그것을 '겉흙이 말랐다'고 표현하는데 그때 충분한 물을 주는 것이 좋다. 그렇지 않으면 과습으로 인해 화초에 무리가 가기 쉽다. 공간이 너무 건조하면 싶으면 가끔 분무를 해주는 것도 좋다.

사실 물주기만큼 중요한 건 통풍이다. 또한 열대 지방 출신인 만큼 아무래도 겨울에는 따뜻한 실내로 옮겨주자. 너무 찬바람은 냉해를 입히기 십상이다.

학명	Strelitzia Reginae
난이도	중간
특징	최근 들어 인테리어 식물로 인기가 높아졌다. 여인초와 비슷하게 생겼으니 구매 시 주의하도록 한다.
물주기	겉흙이 말랐을 때 충분히 주도록 한다.
온도	18~25도 사이가 적당하다. 건조와 추위에 강한 편이다.
습도	건조에 강한 편이다. 평소에는 보통 습도를 유지하는 것이 좋다.
분갈이	화분의 물구멍이나 윗부분 테두리에 뿌리가 보일 정도로 자라면 해준다.
비료	2~3개월에 한 번
SOS 솔루션	실내가 너무 건조할 경우 잎의 겉면이 트거나 찢어질 수 있으므로 주의한다. 진딧물이 생길 경우 바로 약제를 뿌려 손상을 최소화한다.

황거누이 강의 정신

– 마오리 소포라

마오리 소포라는 그 이름에서 연상되듯이 뉴질랜드의 마오리족에서 유래된 이름이다. 뉴질랜드의 마오리 부족 마을에서 흔하게 자생하는 식물이기도 하고 무엇보다 마오리족 전사와 같은 강인한 생명력을 가진 식물이라고 불려진 이름이다. 하지만 현재 시중에 나와 있는 모양새는 '강인한 전사'의 모습과는 사뭇 달라 당황하게 된다. 하지만 '마오리 코로키아' 같은 경우 뉴질랜드 현지에서는 우리나라 사철나무처럼 잘 자라고 무성하여 생울타리로 쓰기도 한다.

마오리라는 이름 하나만으로 호기심 폭발하는 식물이 바로 이 마오리 시리즈이다. 작은 하트 모양의 잎이 사랑스러운 애스토니 뮬렌베키아. 별 모양 꽃을 가진 코로키아. 코로키아의 경우 이파리 색이 다양하여 코토니스터, 실버, 그린으로 나뉘는데 그 은은한 색과 멋스러움으로 인기가 많다.

마지막으로 마오리 소포라. '황제의 꽃'이라는 꽃말을 가진 마오리 소포라는 뉴질랜드 야생화로 절벽이나 암벽에서 자생하는 식물이다.

그런데, 왜 마오리란 이름을 썼을까? 우선 마오리족에 관해 알아보자. 마오리족 속담에 '코 아우 테, 코 테 아우와 코 아우(강은 나요 나는 강이다)'

라는 말이 있을 정도로 마오리 사람들의 강사랑은 유명하다. 2017년, 뉴질랜드 법원은 뉴질랜드 북섬을 흐르는 황거누이 강을 두 명의 사람으로 인정하는 판결을 내렸다. 자연이 법적인 '사람'으로 인정받은 세계 최초의 강이 된 것이다. 그 판결의 의미는 강을 오염시키는 사람은 사람을 해친 것으로 간주하여 벌금과 감옥살이를 해야 한다는 것이다. 그것은 마오리족의 160년에 걸친 끈질긴 투쟁으로 얻은 성과였다. 심지어 뉴질랜드 정부에게서 소송과 관련한 보상금 634억 원과 강의 수질개선 등 환경보호에 필요한 238억 원 등도 받게 되었다.

우리가 흔히 듣던 마오리족의 전투력이 밑바탕이 된 것이리라. 지치지 않는 끈질김, 포기하지 않는 정신! 마오리 시리즈 역시 이런 야생화들이다.

하지만 키우는 사람들의 이야기는 다르다. 식물 초급자에겐 쉽지 않다고들 한다. 하지만 잊지 말자, 이 친구는 '뉴질랜드댁'이라는 사실을. 먼저 뉴질랜드의 날씨를 생각해봐야 한다. 한국의 여름은 장마와 잦은 비로 눅눅하고 습하다. 하지만 뉴질랜드 날씨는 맑고 건조하다. '뉴질랜드댁'인 마오리 소포라는 당연히 맑고 건조한 곳을 좋아한다. 그러므로 과습은 싫어하며, 뉴질랜드 기온과 비슷한 15~25도에서 잘 자란다.

아프리카에 가면 영상 40도의 날씨에 털모자와 겨울 파카를 입고 있는 사람을 흔히 만날 수 있다.

"이 여름에 저 친구들은 왜 털옷을 입고 있죠?"

"습하고 더 더운 나라에서 온 친구들이에요."

40도라도 건조한 아프리카에선 그늘에 들어서면 제법 선선한데 그 온도에서도 추위를 느끼는 사람들은 반드시 있는 법이다. 추위와 바람과 햇빛의 차이는 사람마다, 식물마다, 모두 다르다.

또한 야생화였다는 사실도 잊지 말자. 즉, 바람 쐬기를 좋아한다는 것이고, 작은 잎을 가진 식물이라 세심한 배려가 필요하다는 것이다. 한 번이라도 물을 길어 올리지 못하면 바로 말라버릴 수 있다는 사실도 말이다.

사랑한다고 말하고 싶지만 차마 용기를 내지 못하는 사람들이 있다면 작은 하트 모양 잎을 가진 애스토니 뮬렌베키아를 추천한다. 고백하고 싶은 그녀에게 또는 그에게 선물해보자. 이파리 하트의 의미를 알아채는 그녀나 그라면 센스 만점. 새잎이 돋아날 때쯤이면 두 사람의 사랑도 피어나지 않을까?

슬슬 늘어가는 흰머리가 보여서 그레이 정도로 염색을 해보고 싶은 사람이나 염색하지 않고 은발의 멋짐을 오롯이 사랑하는 사람들에게는 마오리 코로키아 시리즈를 추천한다. 은빛 이파리가 돋는 마오리 코로키아 실버, 초록잎이 돋았다가 연회색으로 변했다가 결국은 짙은 회색으로 변하는 마오리 코로키아 코토니스터 등을 바라보면 동질감을 느낄지도 모르겠다.

둘 다 아니고 그저 싱싱함을 원하는 분들에겐 마오리 코로키아 그린이나 마오리 소포라를 권한다. 한없는 싱싱함에 빛나는 청춘의 한순간, 그 한없이 가슴 설레던 순간이 반짝, 떠오를 것이다.

학명	Sophora Prostrata
난이도	어려움
특징	줄기는 지그재그, 잎은 동글동글 앙증맞아 인테리어용으로 안성맞춤.
물주기	겉흙이 마르면 충분히 준다. 물마름은 상대적으로 빠른 편이므로 건조에 조심하도록 한다.
온도	10~25도 사이, 내한성이 좋아 겨울철에도 잘 견디는 편이다.
습도	보통의 습도를 유지해주는 것이 좋다.
분갈이	2년에 한 번 부식토에 해주는 것이 좋다.
비료	크게 필요하지 않다. 필요시, 코팅 비료와 유기질 비료 소량이 적당하다.
SOS 솔루션	해충이 잘 생기는 편이므로, 자주 확인하며 생길 경우 약을 살포하도록 한다. 응애가 생긴 경우, 통풍이 잘되는 곳이 둔다. 깍지벌레가 자주 생기므로 퇴치제를 항상 구비해두도록 한다.

아버지처럼 무뚝뚝한, 그러나 듬직한

– 인도 고무나무

식물에 딱 어울리는 사람이 있다. 제비마냥 재잘거리는 5살 조카아이를 보면 사랑초가 생각난다. 카네이션을 보면 부모님보다 먼저 외할머니가 생각난다. 어릴 적 내가 만든 못난이 카네이션을 가슴에 차고 온 동네를 활보하시던, 묻지도 않은 손주 이야기를 하시던 외할머니!

그럼, 고무나무는 누구일까? 나로선 우리 시대의 아버지다. 사실 고무나무는 우리들의 어머니 시대 때부터 거실 한쪽을 차지하고 있던 추억의 식물이다. 거실이라고 해봐야 지금처럼 빛이 쏟아져 들어오는 공간도 아니었다. 그 어둑한 거실 귀퉁이 어디쯤에 존재감 없이 우중충하게 서 있었다.

'꽃 한 번 피지 않은 저 나무를 어머니는 왜 사들였을까?'

어린 마음에 툴툴거렸다. 고무나무는 무뚝뚝했다. 아버지가 가끔 굽은 등으로 물을 주는 것을 지켜보았다. 어쨌든 그 나무는 묵묵히 그 자릴 지켜주었다. 아버지의 고무나무는 인도 고무나무다.

유행은 돌고 돈다더니, 고무나무의 부활이 이루어졌다. 벵갈 고무나무니, 떡갈나무잎 고무나무니, 수채화 고무나무니, 화려하고 세련되게 돌아왔다.

하지만 고무나무 같지 않은 외모 탓인지 더 이상 진득한 고무 진은 보이지 않는다.

> 우리 시대의 아버지처럼 역사 속에서 고무나무는 우리의 문명을 바꾸고 이끌었다. 고무의 등장으로 인류 문명은 획기적으로 발전했으며 심지어 에이즈의 확산을 막는 혁혁한 공을 세웠다고 기록하고 있다. 1970년대 세상에 모습을 드러낸 후천성면역결핍증(에이즈)은 1981년부터 2003년까지 사하라 사막 이남 지역에서 약 2천만 인구의 목숨을 빼앗아갔다. 이에 의료 전문가들은 그 예방책을 찾기 시작했는데 그것이 바로 '눈물을 흘리는 나무'라고 알려진 '카후추'였다. 바로 고무였던 것이다. 에이즈의 발견 이후 고무로 만든 콘돔의 사용량이 급격히 증가했고 그 방법은 아주 효과적이었다.
>
> (참조: 「식물, 역사를 뒤집다」. 빌 로스 지음. 예경)

고무의 유용함이 알려지면서 고무나무는 순식간에 산업과 생활 속으로 급속히 파고들었다. 호스, 벨트, 신발 바닥재, 스포츠용품, 방수용품, 철로 진동 완충재, 병마개, 타이어, 지우개, 장화, 콘돔이 잇따라 개발됐다.

처음엔 우리가 흔히 볼 수 있는 인도 고무나무에서 고무를 추출하였다. 인도 고무나무 가지를 잘라보면 하얀 진액이 나오는데, 이것이 라텍스의 재료인 천연고무이다. 하지만 추출되는 양이 그리 많지 않아 지금 현재는 천연고무의 95~98%가 생산성이 좋은 파라 고무나무(Hevea brasiliensis)로 대체되었다. 대신 다양한 품종이 개발되어 당당히 이국의 집 안을 장식하게 되었다.

인도 고무나무는 NASA에서 발표한 공기정화 대표식물 50가지 중 당당히 4위에 올라온 공기정화 식물이다. 어른 손바닥처럼 넓적한 크기의 잎은 그 크기만큼 미세먼지를 흡수하는 데 매우 효과적이어서 새 집에서 나오는 유독가스 등을 흡수, 머리를 맑게 하는 데 도움을 준다고 한다. 아이 방이나 새집 증후군을 걱정하는 분들에게 추천하는 식물이다.

고무나무를 정화 식물로 더 효과적으로 쓰려면 꼼꼼한 관리가 필수다. 거즈에 맥주를 묻혀서 엽면을 닦아주면 광택이 난다. 깨끗한 물수건으로 닦아도 된다. 다만, 앞뒷면을 모두 닦아주어야 나무가 기공으로 숨을 쉬기 편하다.

젊은 시절 나뭇잎 닦기가 어머니의 몫이었다면 어느 순간부터 아버지로 바뀐다. 사람들은 호르몬 변화 탓이라고도 하지만, 점점 바빠지는 어머니와 점점 한가해지는 아버지, 바로 우리 시대 어버이의 모습이었다. 그러고 보니 인도 고무나무의 꽃말이 참 절묘하다.

영원한 행복!

어머니와 아버지는 알고 계셨을까? 당신들이 평생 바라던 그것이 어둑한 거실 한 켠에 무뚝뚝하게 서 있던 그 나무의 속뜻이었다는 걸.

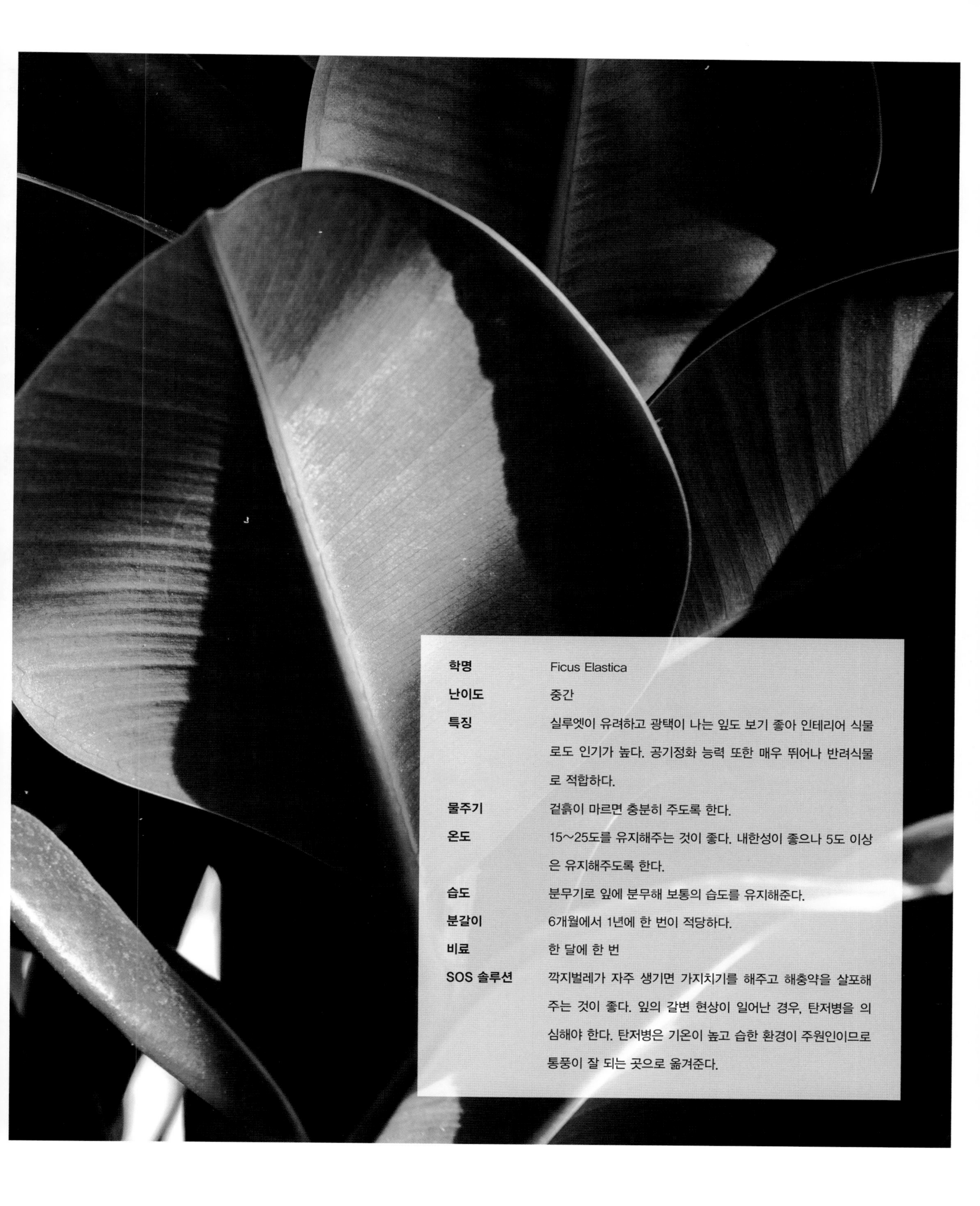

학명	Ficus Elastica
난이도	중간
특징	실루엣이 유려하고 광택이 나는 잎도 보기 좋아 인테리어 식물로도 인기가 높다. 공기정화 능력 또한 매우 뛰어나 반려식물로 적합하다.
물주기	겉흙이 마르면 충분히 주도록 한다.
온도	15~25도를 유지해주는 것이 좋다. 내한성이 좋으나 5도 이상은 유지해주도록 한다.
습도	분무기로 잎에 분무해 보통의 습도를 유지해준다.
분갈이	6개월에서 1년에 한 번이 적당하다.
비료	한 달에 한 번
SOS 솔루션	깍지벌레가 자주 생기면 가지치기를 해주고 해충약을 살포해주는 것이 좋다. 잎의 갈변 현상이 일어난 경우, 탄저병을 의심해야 한다. 탄저병은 기온이 높고 습한 환경이 주원인이므로 통풍이 잘 되는 곳으로 옮겨준다.

바람이 불어오는, 그곳에 두고 싶은

– 아레카 야자

최근 카페에서 흔히 만나는 식물이 있다. 바로 아레카 야자다. 하늘하늘 시원스레 뻗은 가지 모양이 내추럴 인테리어나 요즘 유행하는 북유럽 인테리어 분위기를 내는 데 제격이기 때문이다.

비슷한 종의 겐차 야자보다 키우기 쉽고 아름다워 상업 공간에서 큰 인기를 얻고 있다. 게다가 꽃말이 '승리와 부활'이니 개업 화분으로도 딱이다. 하지만 아레카 야자의 인기는 또 다른 데에 있다.

1989년 NASA에서 반가운 보고서를 발표했는데, 바로 오염된 실내공기를 정화시킬 수 있는 15개의 식물에 대한 연구 결과(B. C. 울버턴 박사의 보고서)였다. 이 연구는 식물과 실내공기 정화와 가습 효과에 관한 것이었는데 이외에도 정서적 효과가 있다는 내용이었다. 그중에서 공기정화 식물 1위에 선정된 식물이 아레카 야자다.

NASA와 식물 연구라는 낯선 조합은 어떻게 시작된 것일까? 원래 NASA에서는 완전 밀폐된 우주선 안의 공기를 정화시킬 방법을 연구하고 있었다. 연구 결과 우주선의 공기정화를 위해 식물이 유리하다는 것을 알아냈고 본격적으로 식물 실험에 들어간다.

먼저 인체에 해로운 오염 물질이 있는 밀폐된 공간에 12개 정도의 식물을 넣어두었는데 24시간 내에 80%의 포름알데히드, 벤젠, 일산화탄소와 같은 실내 공기오염 물질들이 제거된다는 것을 밝혀낸다.

특히 아레카 야자는 약 1.8미터 정도의 나무인 경우 24시간에 1리터의 수분을 뿜어내 아주 좋은 천연 가습기 역할을 하였다. 그 외에도 담배 연기와 유해 휘발성 화학물질 제거에도 탁월한 효과를 보였다고 한다. 또한 전자파 차단 효과까지 있으니, 예쁜 아이가 예쁜 짓만 하는 경우라 하겠다.

아레카 야자는 아프리카 대륙의 동남쪽에 자리 잡은 마다가스카르 섬이 원산지다. 야생에서는 3~8미터 높이까지 자란다는데 실내 화분에서 그 정도로 키 큰 아레카 야자를 보기는 쉽지 않다. 포기로 자라고 줄기와 잎자루는 황색이며 잎도 다소 황색을 띤 녹색이라 황야자라도 부른다. 부드러운 잎이 뻗어나가는 모습이 나비와 닮아 '나비 야자'라는 별명도 얻었다. 16~30도 정도에서 잘 자라며 7~10도 정도에서 월동하는데 반양지 반음지 식물이라 직사광선은 피해야 한다. 잎이 마르거나 타들어가기 때문이다.

간혹 테이블 야자와 아레카 야자를 헷갈리기도 하는데, 크게 3가지만 체크해보면 금방 구별할 수 있다.

먼저 크기다. 테이블 야자는 말 그대로 테이블 위에 올려 키울 수 있을 만큼 크기가 작다. 그에 반해 아레카 야자는 이파리와 가지가 쭉쭉 위로 뻗으면서 자라 시원스러운 맛이 있다.

다음은 줄기다. 무늬 없이 매끈하게 뻗어 있으면 테이블 야자, 줄기에 점점이 반점이 보이면 아레카 야자다. 무엇보다 테이블 야자는 줄기에서 가지가 나와 갈라진다면 아레카 야자는 처음부터 다발 지어 줄기가 나와서 자란다.

마지막으로, 잎 모양이다. 테이블 야자는 처음부터 갈라진 모양 그대로 나오지만 아레카 야자는 처음엔 두 가닥 잎으로 출발한다. 그러다가 차차 네 가닥으로 갈라지다가 나오면서 다시 갈라지기를 반복하면서 한 장의 잎을 완성한다.

무엇보다 키가 크고 늘씬하다면 대개의 경우 아레카 야자다. 그 모양의 시원스러움과 꽃말의 의미, NASA가 증명하는 친환경 가습기라는 점 때문에 플랜테리어 소재로 폭발적인 인기를 얻고 있는 식물임에는 틀림없다. 하지만 안타까운 것은 식물이 좋아하는 장소와 내가 놓아두고 싶은 장소의 차이가 크다는 것이다. 사람들은 침대 옆에서 살랑거리는 초록 이파리로 남겨두거나 화장실에 쭉쭉 뻗은 시원한 그리너리를 완성하고 싶어진다.

하지만 과연 그곳이 아레카 야자가 좋아하는 위치일까? 가져와서 며칠 만에 풀썩 주저앉는 식물을 마주치고 싶지 않다면 식물을 놓을 장소에 잠깐 서 있어보라고 권해주고 싶다. 햇빛은 어디에서 드는지, 바람은 부는지, 라디에이터 열기와 가깝지는 않은지, 그 자리에 서 보라는 말이다. 아레카 야자를 건강하게 오래오래 곁에 두고 싶다면 침실이나 화장실보다는 바람이 잘 통하는 거실이나 베란다에 둘 것을 권한다.

'생명을 가진 손님을 맞는데 이 정도 정성은 들여야 하지 않을까?'

무척 공감이 되는 말이다. 그래서인지 초록으로 잘 꾸며진 공간에 가면 그 주인의 마음이 느껴진다. 식물을 정말 사랑하는 것인지, 아니면 플랜테리어의 장식물 정도로 여기고 있는 건 아닌지 한 번쯤 돌아볼 일이다.

학명	Dypsis Lutescens
난이도	쉬운 편
특징	다양한 실내 환경에 적응력이 좋아 키우기 쉬운 편이다. 대기 중으로 수분을 방출하는 능력이 탁월하고 공기정화 능력도 뛰어나다.
물주기	수분 방출 능력이 뛰어난 만큼, 물 흡수 능력 또한 뛰어나다. 겨울을 제외하고 물을 흠뻑 자주 주는 것이 좋다.
온도	18~25도가 적당하다.
습도	높은 습도를 유지해주는 것이 좋으나 과습은 주의한다.
분갈이	2~3년에 한 번이 적당하다.
비료	생장기에 월 1회 소량 주는 것이 좋다.
SOS 솔루션	병충해에 강한 편이다. 잎 끝이 마르고 갈색으로 변할 경우, 공중습도를 높여주도록 한다. 병해가 생길 경우, 물주기 횟수를 줄여주고 통풍을 신경써준다.

사랑은, 눈물을 가득 품고

– 선인장

토니는 기계를 그리는 일러스트레이터이다. 건조하고 정확한 그림을 그린다. 그의 아내 에이코는 옷을 사들인다. 유년 시절의 결핍된 모성을 채우려 한다. 그런 둘의 집에 선인장이 함께 산다. 에이코가 죽고 토니가 돌아와 앉은 소파 옆에 에이코와 키우던 선인장이 보인다. 그는 에이코의 영정사진과 유골함을 내려놓고 바싹 마른 선인장에 물을 주려고 한다. 하지만 분무기에는 물이 없다. 대신 창밖으로 내리는 빗물이 벽에 비친다. 선인장은 마치 환영 속에서 비를 맞는 것처럼 보인다.

무라카미 하루키의 단편소설 「렉싱턴의 유령」을 원작으로 한 영화 「토니 타키타니」(2004)의 포스터에는 731벌의 옷을 남기고 떠난 여자와 고독한 남자가 등장한다. 그리고 화면 안엔 삶의 허무와 고독에 관한 이야기가 가득 찬다. 사람들은 외로울 때 볼 만한 영화라고 한다. '외로울 때 외로운 사람의 이야기를 들으면 이상하게 위로받지 않는가?'라며.

외로움을 말하는 영화에 선인장만큼 어울리는 식물이 또 있을까?

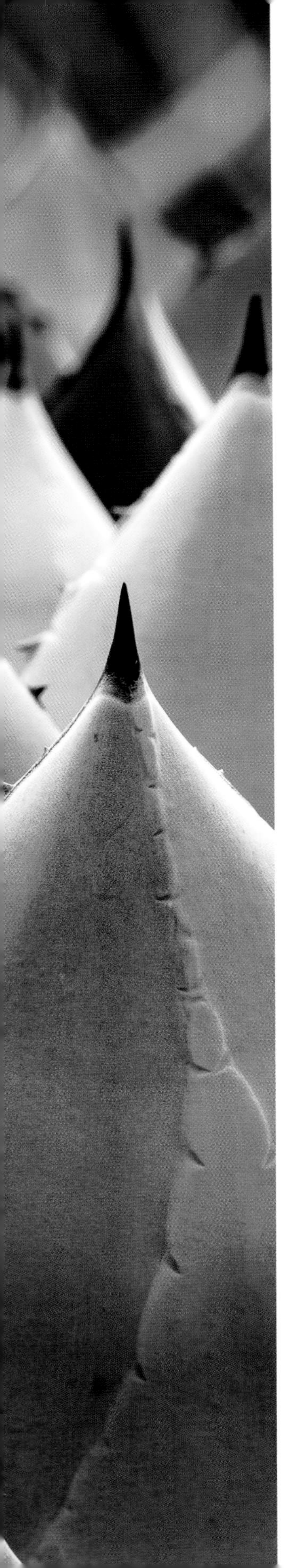

"가시 때문에 안아주지도 못해."

선인장 같은 연인을 만났다며 슬퍼하는 사람을 만났다. 가시 돋친 말을 해서이거나 오랫동안 연락을 하지 않아서이다. 따뜻한 말을 해주지도, 안아주지도 않는 늘 조용한 사람.

그런데 그건 아는가? 선인장을 잘라보면 그 안은 온통 물이다. 눈물처럼 짭짤한 물. 언제든 울 준비가 되어 있는 것이다. 슬픔이 많은 이가 더 단단히 무장하는 법이다. 날카롭고 위협적인 존재로 보이는 이 선인장이 꽃말만큼은 참 의외다. 아이러니하게도 열정, 바로 '불타는 마음'이다. 혹 어쩌다 짧게 피는 그 꽃 때문일까?

> '누군가에게' 열흘이라도 피는 꽃이 될 수 있다면 그 삶은 그저 그런 삶이 아니다. 시시한 삶이 아니다.

인문학자 김경집 교수는 그의 책 『인생의 밑줄』에서 이렇게 쓰고 있다. 평소엔 무뚝뚝한 그 모습에 감히 꽃 같은 건 기대하지도 않았는데, 어느 날 느닷없이 강렬하도록 아름다운 꽃을 피워내는 선인장처럼 말이다. 온 열정을 모아 피워낸 그 한 송이 꽃으로 서운함 같은 건 봄눈 녹듯 사라진다.

하여튼 그런 이유였을까? 선인장은 친근하면서도 낯설고, 아름다우면서도 위협적이다. 그래서 사람들은 선인장을 '좋아하거나' '싫어하거나'로 분명하게 나뉜다. 선인장만큼 호불호가 분명한 식물도 드물다. 미니멀한 그 모습에 사들였다가 가시에 한두 번 찔리는 일은 다반사고 아이가 있는 공간에선 퇴출되기 일쑤다.

하지만 '식물 저승사자'라 불리는 분들에겐 추천하는 식물이다. 식물을 죽이는 경우엔 크게 두 가지가 있는데 바로 '마른 손'과 '젖은 손'이다. 마른 손이란 물주는 것에 게을러 말라 죽인다는 말이고, 젖은 손은 너무 물을 많이 줘서 문제인 경우를 말한다. 물론 선인장은 마른 손에 제격인 식물이다.

비록 제법 통통하던 아이가 집에 오면서부터 가늘고 뾰쪽하게 자란다 하더라도 죽지는 않는다. 선인장의 가시는 본래 잎이었다. 사막에서 살아남기 위해서는 잎의 숨구멍에서 증산 작용으로 배출되는 수분을 막아야 했고, 그래서 잎을 작고 좁게 만들다 보니 차츰 가시로 변했다고 한다.

그 뿐인가. 밤이면 수분을 가시 끝에 모아 땅으로 떨어뜨려 수분 확보를 도왔다. 또한 가시는 다른 동물로부터 자신을 방어하는 최고의 무기였다. 게다가 최근엔 전자파를 차단하는 효과가 있다고 알려져 IT기업이 많이 몰려있는 곳의 꽃집에서는 선인장이 가장 인기라 한다.

사실 우리나라에서 선인장은 무척이나 낯선 식물이다. 외모부터 이방의 냄새가 물씬 풍긴다. 하지만 선인장의 역사는 멕시코의 고대 문명까지 거슬러 올라간다.

> 어떤 선인장은 고대 문명에서 숭앙받는 식물이 되어 종교 의식에 사용되었고, 어떤 종은 식량이 되기도 했으며, 선인장에 사는 기생 곤충이 붉은색 염료의 원료가 되기도 했다. 프리클리페어 선인장 꼭대기에 앉아 있는 독수리 형상이 그려진 멕시코 국기는 과거 아즈텍인이 선인장 꼭대기에 독수리가 죽은 새를 물고 앉아 있는 곳에 그들의 왕국을 건설했다는 전설에 닿아있다. 선인장은 식재료, 치료제,

주거지, 보호 장비, 도구, 옷 등으로도 이용되며 인간의 문화, 종교, 정체성에 영향을 끼쳤다. 뿐만 아니라 동물의 은신처 역할도 하여 자연 생태계에서 유익한 존재가 되어 왔다.

- 댄 토레, 『선인장』 중에서

"『선인장 호텔』이란 그림책을 보면 사막에 있는 선인장은 동물들의 호텔이다. 여기서 새들은 알을 낳고 사막 쥐는 새끼를 기른다. 곤충도 박쥐도 이 호텔에 산다. 한 동물 가족이 이사를 가면 또 다른 동물이 이사를 오고 해마다 봄이면 꿀과 달콤한 빨간 열매 잔치를 연다. 새와 벌, 박쥐들은 꿀을 먹으러 끊임없이 모여든다. 그러나 50년, 100년, 그리고 200년이 지나고 선인장은 쿵, 하고 쓰러진다. 그러자 낮은 곳을 좋아하는 생물들이 다시 하나 둘 모이고 죽은 선인장 안엔 벌레들이 와서 쉬어간다는 내용이다. 그러고 보니 쉘 실버스타인의 『아낌없이 주는 나무』의 사막편이다. 선인장은 그런 존재다.

그럼 인간에게 선인장은 어떤 존재일까? BBC는 5가지 식물을 인간은 물론 지구 건강에 좋은 슈퍼푸드로 선정했다고 한다. 5가지 슈퍼 푸드는 모링가, 미역, 노팔 선인장, 포니오, 밤바라다. 그중 세 번째에 당당히 이름을 올린 슈퍼 푸드가 선인장이다. 노팔 선인장은 멕시코 음식에 많이 쓰이는 것으로 제2형 당뇨병에 도움이 된다고 한다. 제2형 당뇨병을 가진 사람의 당 수치를 낮춰주고 지방 배출과 숙취 완화 효과가 있다는 연구 결과이다. 노팔 선인장은 중남미, 호주, 유럽에서 쉽게 발견되는데 생으로 또는 구워서 먹기도 하고 주스나 잼으로 만들어 먹기도 한다.

노팔 선인장뿐인가? 선인장은 가시를 제외하고 열매, 꽃, 줄기, 뿌리가 수천 년간 영양가 풍부한 식재료로 사용되어왔다. 오늘날 세계적으로 인기가 많은 열대 과일인 용과도 선인장 열매다. 또한 진통, 항균력이 뛰어난 성분을 가지고 있어 의약품 원료로 가치를 인정받는 것들도 있다.

제주 특산품인 백년초 역시 선인장인데 백년초 효능을 보니 철분과 칼슘 등 무기질 성분이 다량으로 들어 있고, 비타민C가 많아 면역력을 높여준다고 한다. 민간에서는 해열제와 소염제로 쓰이며, 기침과 가래를 삭혀주며, 위장 질환을 완화시켜 주기까지 한다. 또한 식이섬유가 풍부하여 변비에도 도움이 된다니 이래저래 팔방미인이다.

그뿐인가. 공기정화 효과도 탁월하다. 대개의 식물들이 밤에는 산소를 호흡하고 이산화탄소를 내보낸다면 선인장은 반대로 밤에 이산화탄소를 흡수하고 산소를 배출한다. 그러니까 우리가 잘 때 공기정화 기능에 스위치를 켜는 것이다.

이스라엘 사람들은 자신의 아이들을 '사브라'라고 부른다고 한다. 사브라는 선인장 꽃의 열매다.

"너는 사브라다. 내 인생은 선인장과 같았다.

나는 사막에서 뿌리를 내리고 비 한 방울 오지 않고

땡볕이 쬐는 악조건 속에서 살아남았다.

아침에 맺히는 이슬 몇 방울 빨아들이며 기어코 살아남았다.

그러니 너는 얼마나 소중한 존재냐.

너라는 열매를 맺기까지

나는 인고의 세월을 견디어 냈다.

너는 사브라다. 선인장의 열매다.

그러니 너도 끝까지 살아 남거라.

그리하여 또 다른 열매를 맺어라.

그 열매가 맺어지거든

그를 '사브라'라고 불러주어라."

가시 속에 감춘 선인장의 정신, 그것을 일찍이 알아챈 것이다.

그러니 연인이여, 선인장 같은 연애를 한다고 슬퍼하지 마라. 묵묵히 지켜봐주는 그런 사랑도 있나니.

학명	Cactaceae
난이도	선인장 종류에 따라 다르나, 대개 쉬운 편
특징	모양도 예쁘고 아기자기해 인테리어용으로 좋다.
물주기	한 달에 한 번 스프레이로 주는 것이 좋다. 대개 건조한 환경이 적합하다.
온도	20도 이상의 따뜻한 곳에서 기르는 것이 좋다.
습도	건조하거나 보통의 습도가 적당하다.
분갈이	생장 직전이 제일 좋다. 1년에 한 번 이른 봄이 적당하다.
비료	많은 비료를 필요로 하지 않으나, 필요시 소량을 준다.
SOS 솔루션	깍지벌레가 가끔 생기며, 생겼을 경우 약제를 사용한다. 온도가 너무 높고 건조할 경우 응애가 발생할 수 있으므로 적당한 습도와 물을 주도록 한다.

오래된 물건과 식물의 하모니 – 카페 〈그린마인드 빈티지〉

"식물은 욕심쟁이 애인 같아요" – 카페 〈레벤〉

'하얀 겨울' 말고 '초록 겨울' – 카페 〈보이저스〉

식물이 있는 공간은 늘 평화롭다. 그래서인지 식물이 보이는 공간이면 나도 모르게 저절로 문을 열고 들어서곤 한다. 그곳에서 느낄 즐거움, 무엇보다 주인장의 식물 이야기가 궁금해지는 까닭이다. 나처럼 카페에 식물을 들여놓은 네 곳의 카페 주인장들의 매력과 그들의 사연을 들어보았다.

Ⅲ. green house : 식물과 함께하는 사람들

꽃을 만지는 여자, 밥상 차리는 남자 – 카페 〈나무식탁 & 플라워 모먼트〉

꽃의 여신의 녹색 가득한 하루 – 카페 <카페 드 플로르>

오래된 물건과 식물의 하모니

– 카페 〈그런마인드 빈티지〉

이 집의 매력은 무엇보다 오래된 것들의 아름다움을 발견한다는 것이다. 벽지 등을 뜯어낸 모조리 시멘트 벽돌은 그대로 알몸 신세. 얇은 알루미늄 새시 사이를 비집고 나온 식물 한 가닥은 안으로 뻗어가는 중이다.

"저거 살리느라 얼마나 공들이고 있는데요."

이파리를 바라보는 〈그런마인드 빈티지〉 카페 사장 나희 씨의 얼굴에 흐뭇한 미소가 걸린다.

"저거요? 귤 따는 바구닌데 예쁘지 않아요?"

재활용으로 만든 것 같은 값 싼 바구니 몇 개를 사이즈대로 가져다놓았다. 공간은 낡은 것들 천지이고 귤밭에서 구르는 것들과 곶자왈에서 데려온 식물 몇 가지 등 어디 한 군데 돈 들여 힘 준 자리가 없다.

그런데 이상하게도 손님들은 럭셔리한 공간이라고 착각하게 된다. 아무래도 빈티지 소품 때문인 듯하다. 나희 씨가 여행 다니며 틈틈이 사 모은 유럽 그릇과 가구, 최근엔 오래된 빈티지 옷들도 진열했다. 팔기도 하고 쓰기도 하는 것들이다.

사실 나희 씨는 집안 형편이 어려워 사진 유학의 꿈을 접었다. 대신 열

심히 일을 하고 짬짬이 여행 다니는 것이 유일한 탈출구였다.

벼룩시장을 돌며 사 온 그릇에 음식을 담아 먹으면 잠깐이나마 유학 와 있는 착각이 들었다. 그렇게 위로를 삼았다.

여행에서 돌아오면 다시 25시간을 일했다. 집안의 생계를 돌봐야 했다. 몇 번 가게를 열었고, 또 닫았다. 대신 조금씩 더 튼튼해져갔다.

나희 씨는 식물을 잘 키우는 사람은 아니다. 하지만 식물의 힘만은 믿는 편이다. 남들이 버린 개들도 데려와 키우고 있다. 상처가 많은 개들인지라 가끔 주인을 무는 사고가 나지만 그래도 행복하다 말한다. 식물 역시 나희 씨에게 그런 존재다.

식물을 귤 바구니에 담으면서 입이 귀에 걸린다.

"예쁘지 않아요? 너무 예쁘죠?"

그녀가 파는 그릇에 꽃이 피어 있다. 가구 한 쪽엔 이파리 몇 장 새겨져 있다.

창으로 햇살 비춘 보스턴 고사리가 초록빛을 띠고, 이파리 한 장 넣어 손편지라도 써야 할 것 같은 창가의 노을 지는 낙엽 풍경. 이 모든 것이 나희 씨의 가게, 〈그런마인드 빈티지〉에 있다.

“식물은 욕심쟁이 애인 같아요”

– 카페 〈레벤〉

"힘들어요. 식물은 욕심쟁이 애인 같아요."

서양화를 전공하고 15년 문화기획자로 살았던 양지현 사장의 일갈이다. 하지만 푸념을 하는 동안에도 얼굴에선 미소가 떠나지 않고 있었다.

겁 없이 뛰어든 카페 창업이었다. 빵과 음료 모두를 직접 만들어내고 미대 출신답게 차에 장식까지 얹노라면 손님 한두 명만 와도 정신없는 시간의 연속이었다. 쉴 만하면 곳곳의 식물까지 돌봐야 하니 매일이 피곤의 연속이었다. 그런데 이상하게도 가끔 '행복하다' 하는 순간들이 찾아들었다.

"식물을 데려올 때 행복해요. 나무들이 다 수형이 다르잖아, 라인도 다르고. 거기에 내가 적당한 맞는 옷을 입혀서 사랑스럽게 변할 때, 그런 걸 보는 즐거움, 그런 게 있더라고요."

그렇게 시작한 식물 카페. 아직까지는 시행착오도 많다. 어떤 식물은 제대로 살리지 못하기도 하고 때론 화원의 못난이(?)들만 눈이 가서 품에 안고 왔다.

"내가 데려온 애들은 바로 자라지 않고 삐딱하거나, 버려져 있거나……. 근데 정형화된 아이들보다 난 그 아이들이 더 빛이 나더라고요. 꼭 우리 사람

Leben

의 모습 같아서 더 마음이……."

빛이 부족하여 살기 위하여 몸부림치며 자라는 생명력에 감동받았다 한다. 어쨌든 그 화분들은 그동안의 세월을 보상받기라도 한 듯 카페 가장 빛나는 자리에 카페 시그니처목으로 자리했다. 카페 입구 수련목이 바로 그것이다. 하여간 이런 식물들이 제 옷을 입고 나니 알아주는 손님들이 생겨났다.

"인연이 있더라고요."

그렇게 맺어줄 때마다 흐뭇해져 '마음의 구절' 하나 덧붙여 입양 보낸다. 개업선물로 입양 간 뮬렌베키아엔 '자유로운 삶이 더 깊어지길'이라는 문구를 달아주었다. 아직 길지 않은 식물카페 사장인지라 식물에 대해 늘 공부하며 배우는 마음이다.

"식물을 키우다보니 더 세밀한 눈이 키워진 것 같아요. 작은 싹이 나는 것과 작은 이파리가 돋는 것 모두 지켜보게 되고 그것에서 희열과 즐거움을 맛봐요. 그동안 큰 것에서만 미감을 찾았다면 이젠 작은 것에서도 미감을 보고 즐기게 됐어요."

미대 출신답게 식물의 미감을 발견하고 즐기게 된 것이다. 그리고 그렇게 발견한 미감의 확장을 진정으로 고마워하고 있었다. '식물을 키우는 일은 소소한 행복이다'라는 구절을 그녀의 인스타그램에서 발견한다. 이제 그녀에게 식물은 보다 더 큰 의미가 되었다.

"문화도 해보면 쉼이야. 집중하고 치유받고 성장하고. 식물도 그런 것 같아요. 식물이 성장하고 자라는 것 보면서 쉼이 되는 것. 식물도 문화예요."

그래서 그녀는 차 한 잔에도 정성을 다한다. 찻상 받는 그 손님 역시 쉼의 문화를 느끼길 바라면서.

‘하얀 겨울’ 말고 ‘초록 겨울’

– 카페 <보이져스>

여행자들의 공간, 〈보이저스〉 카페. 카페 안은 주인인 페드로(김현석) 씨가 외국 여행을 할 때 수집했던 것들과 손님들이 가져온 물건들로 빼곡하다. 그가 여행한 나라는 약 50여 개국.

카페 위층은 게스트하우스가 마련되어 있다. 그동안 전 세계 만 사천 명이 이곳을 다녀갔다 한다. '여행객들(보이저스)'이라는 이름답게 그 여행객들을 위해 마련한 카페다. 그래서 카페에서는 차를 파는 것만은 아니다. 함께 요가도 하고 음식을 만들어 먹으며 영화도 즐긴다.

그런 그가 또 하나 매력이 느끼고 있는 한 가지, 바로 식물이다.

"아열대 공간처럼 만들고 싶었어요."

최근 겨울이면 떠난 여행지에서 받았던 힐링을 작게나마 함께 느끼게 하고 싶었다. 겨울인데도 그의 카페에선 초록식물이 무성했다. 빛을 따라 자리도 바꾸고 이파리도 만져주며 키운 결과다. 객실 창가마다 작은 화분 몇 개씩 놓아두기도 하였다.

하지만 겨울이면 게스트하우스 문을 닫고 한 달씩 자신만의 여행을 떠나는 그인지라 지금은 관리차원에서 모두 내려놓았다. 하지만 초록 쉼을 주고

Cuba
Cuba
ISTANBUL
BLUE MOSQUE
WEGA

XXXX GOLD
BINTANG
BALI HAI
San Miguel
Pale Pilsen
RED HORSE BEER
EXTRA STRONG
TESS
FLIRT
SINGHA
BLUE MOUNTAIN COFFEE
MONIN
PARIS
Montmartre

싶었던 그의 마음을 손님들은 느꼈으리라.

식물들 사이로 그림 식물도 눈에 띈다. 게스트 하우스에 놀러왔던 어느 여행객이 그려 넣은 것이다. 벽에 세워진 야자 그림은 그가 발리에서 구입해 온 것이다.

맥시멀 초록 공간이 그의 지향점이다. 소소한 물건 사이로 숨겨진 재미와 문화 그런 것들을 발견하는 재미. 그 사이로 보이는 초록들의 평화, 그리고 그 치유의 에너지를 느꼈으면 하는 게 그의 뜻이다.

여행을 하다 보면 여행을 소비하는 사람이 되는데요.
'여행을 생산하는 사람이 되면 어떨까?'
'내가 그 공간을 만들어버리면 어떨까?'
그거 하나로 여기가 여행지라고 생각합니다.
저만의 오아시스에 오는 모든 사람은 기분이 좋아져요.
- 페드로

그리고 그 오아시스 안에는 초록 식물이 자라고 있다.

HAWAI
ARTRAVEL
ARTRAVEL
ARTRAVEL
아쉬탕가 요가 수련 안내서
POSER
요가난다,
영혼의 자서전
THE KINFOLK HOME
THE KINFOLK HOME

꽃을 만지는 여자, 밥상 차리는 남자

– 카페 〈나무식탁 & 플라워 모먼트〉

시골 작은 동네 입구, 구멍가게가 있을 만한 자리에 작은 간판 하나가 보인다. 바로 〈나무식탁〉! 꽃을 만지는 혜진 씨와 요리에 관심 많았던 남자 경환 씨가 만나 만들어낸 공간이다. 〈플라워 모먼트〉의 주인 혜진 씨는 원래 예술대 디자이너과를 나와 원예공부를 한 플로리스트였다. 생화로 꽃다발을 만들거나 웨딩 장식을 했다.

"장식적인 일을 했어요. 화려하고……. 그런데 그 일이라는 게…… 결국은 꽃을 죽이는 일이더라고요"

그래서 지금 그녀는 꽃다발 포장을 안 한다. 그리고 지금의 식물 가게를 열었다.

"비록 화분이지만 식물을 키운다는 일은 살리는 거잖아요."

남편은 하고 싶은 음식을 만들고 본인은 식물을 살리는 일을 하기로 한다. 장소는 신혼 3개월 제주살기의 기억을 떠올려 무작정 제주로 내려왔다. 노을이 보이는 시골 동네 밖거리(제주의 집 형태. 위치에 따라 안거리와 밖거리로 나누었다.) 집 하나를 얻었다.

동네 작은 구멍가게였다가 식당을 하다 문을 닫은, 그리 손님이 있을 것

같지 않은 외딴 곳이었다. 하지만 노을이 아름다워 반했단다.

그 인연을 시작으로 둘은 쓸고 닦으며 공간을 바꿔갔다. 남편을 위한 식당 칸은 물론이고 화초를 위해 방을 헐어내어 식물 샤워장을 만들었다. 나무 조각으로 나무 커튼을 달고 고재를 가져와 바닥을 깔았다. 식물과 잘 어울리는 빈티지한 공간을 만들고 하나둘씩 식물을 들였다.

"저 아이를 발견한 건 천 평도 넘는 화원 구석이었어요. 구석구석 다니다가 한 귀퉁이에서 양팔을 벌리고 힘들게 자라고 있는 게 눈에 띄었어요."

그렇게 집으로 들어온 홍콩 야자. 하지만 그녀가 잡아준 자리에서 그 흔한 홍콩 야자는 금방 스타급 주인공이 된다. 손님들마다 그 사진 찍는 뷰포인트를 꼽으라면 그곳을 꼽을 것이다.

혜진 씨는 그런 아이들을 데려와 가치를 만들어내는 일이 즐겁다 했다. 하지만 여기서 '가치'란 경제적인 의미가 아니다. 처음엔 일로 시작했던 것들이 '이 아이'라고 부르면서 점점 반려식물이 되어가고 있다. 그녀의 나무 옆엔 남편 경환 씨의 따뜻한 밥상이 차려진다.

카페 출입구엔 경환 씨가 꼭 전하고 싶은 메모 하나 선팅해두었다.

먼 길 만나러 와주셔서 고맙습니다

먼 길인데도 식당을 찾는 손님들에게 미안하고 고마운 마음을 말하고 싶었단다. 사람도 그리고 식물에게도 먼 길 돌아 만나는 인연의 고마움.

부부는 그런 마음으로 식물도 키우고 밥상도 차린다.

FLOWER « MOMENT
MERRY

꽃의 여신의 녹색 가득한 하루

– 카페 〈카페 드 플로르〉

카페 드 플로르!

내가 마련한 첫 식물 카페다. 짐작대로 플로르란 이름은 꽃과 관계되어 있다. 프랑스어로 '꽃의 여신'이란 뜻이다. 꽃을 사랑해 플라워아트를 만들고 식물 그림을 그리는 나로선, 사장이 아닌 플로리스트 작가의 공간, 〈카페 드 플로르〉를 만들고 싶었다.

"앗, 추워!"

일찌감치 카페에 들어선 첫 손님의 말이다. 어쩌다보니 오늘 아침 환기가 길어졌던 모양이다. 마당으로 난 폴딩 도어 창문을 하나씩 닫는다. 겨울이지만 환기는 식물을 위해 매일 감내해야 한다. '식물이 쾌적하게 사는 환경이어야 사람에게도 건강한 공간일 것'이라는 믿음 때문이다.

골라둔 꽃들을 정리한다. 오늘 카페 테이블에 오를 것들이다. 물론 날씨와 계절에 맞춘 것이다. 꽃값이 비싼 계절인지라 꽃 보기가 쉽지 않고 이럴 때 손님들이 '꽃을 만나면 얼마나 행복할까?' 하는 마음에서다.

식물을 키우고 꽃을 꽂는 일!

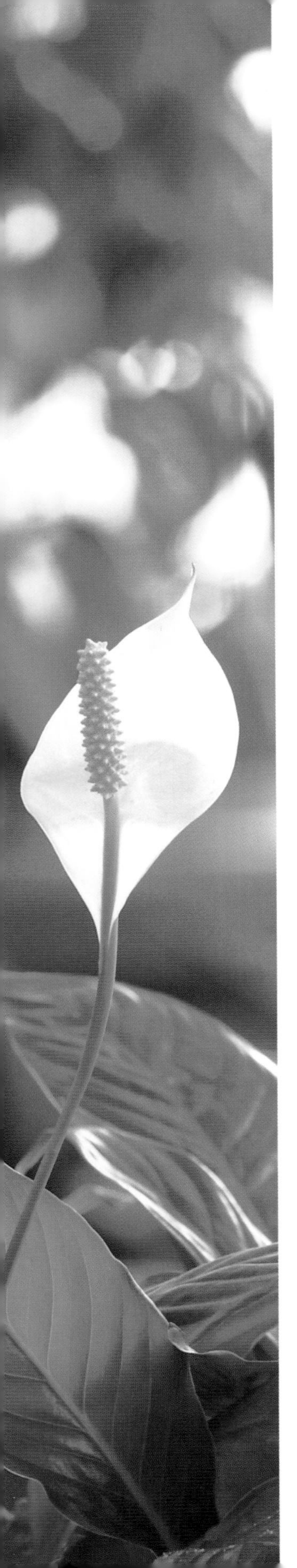

처음 시작할 때만 해도 손님들에게 힐링할 수 있는 공간을 만들어 주고 싶어서였다. 하지만 하다 보니 어느덧 내게 더 즐거운 일이 되어버렸다. 물을 주며 초록빛 세상을 들여다보는 일, 테라리움으로 작은 정원을 만들며 그 안을 걷는 환상, 햇살에 비쳐 반짝이는 잎을 바라보는 일처럼 따뜻한 것은 없을 것이다.

사실 나의 하루는 무척이나 분주하다. 사업과 강의, 그 외 대외활동까지 합하면 눈코 뜰 새가 없다 해도 과언은 아니다. 하지만 아무리 바빠도 나머지 대부분의 시간을 여기에서 보낸다. 무언가 마음이 편안해지는 기분, 그런 것이 〈카페 드 플로르〉엔 있다. 아무래도 식물 덕이다. 사실 식물은 나에게 삶이며 직업이며 즐거움이다. 꽃 그림을 그리는 것 역시 그 즐거움의 연장이다.

카페라는 장소는 참으로 특이하다. 손님의 구분이 없다. 부모를 따라온 아주 어린 아이부터 노부부까지 다양한 사람들이 찾아온다. 그 손님들이 식물과 꽃 그림 사이에서 도란도란 이야기 나누는 모습을 보면 얼마나 흐뭇한지. 그 모습에 나 역시 저절로 행복해진다. 또한 이런 공간을 가지고 있음에 내 인생에 늘 감사하다.

카페를 나가는 입구, 딸과 난 작은 네온 글귀 하나를 붙여놓았다.

오늘 당신에게 좋은 일이 생길 겁니다.

바라는 대로 이루어지리라는 믿음, 무엇보다 초록 충전을 하고 난 뒤다. 좋은 일 하나쯤은 생기지 않을까?

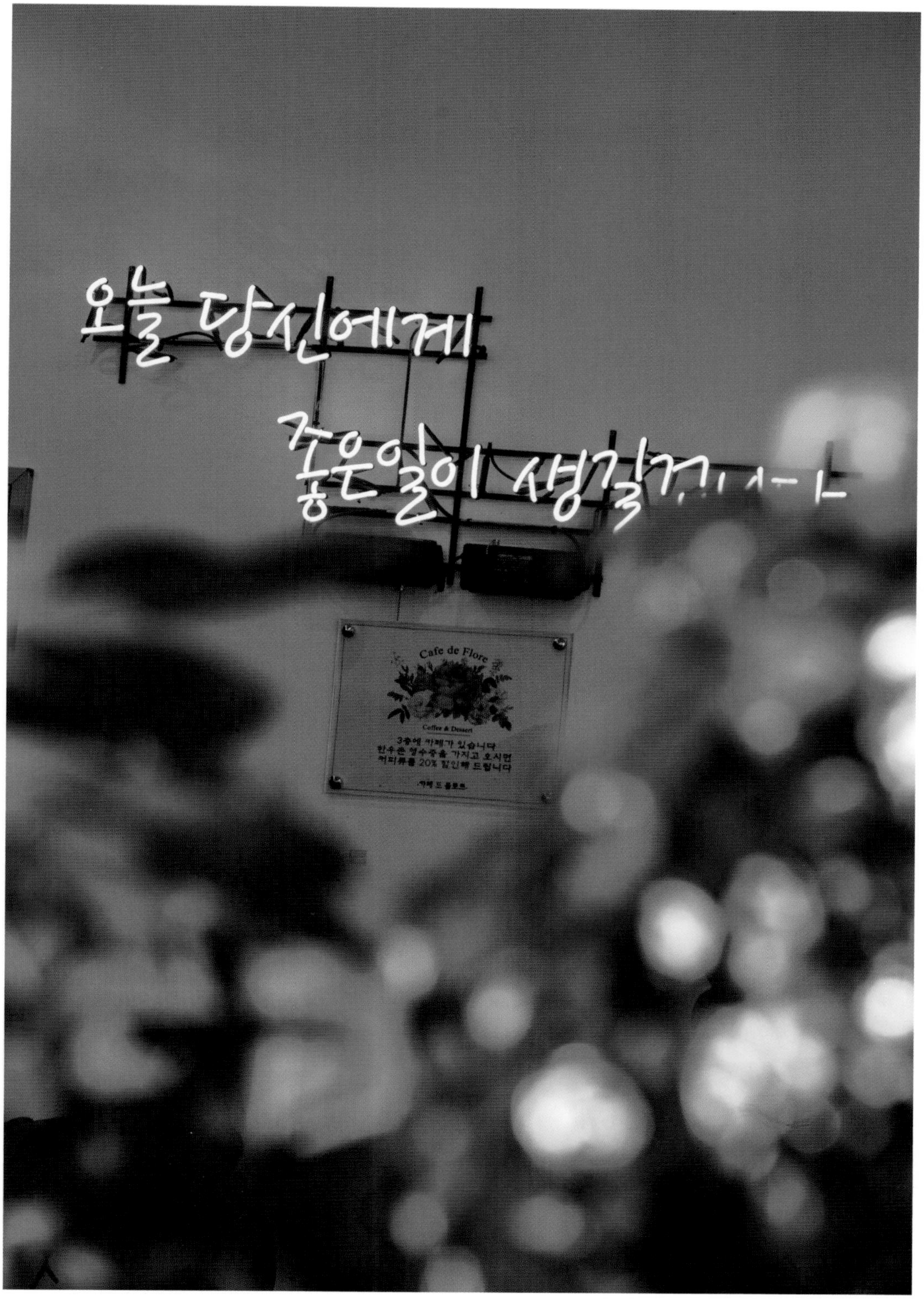

오늘 당신에게
좋은일이 생길
Cafe de Flore
Coffee & Dessert
3층에 카페가 있습니다

'가위손'이 되고 싶다면 - 식물을 기르기 위한 준비물

식물의 속삭임, 귀를 기울이면 - 식물 기르기 상식

녹색 중의 녹색, 베스트 10 - 공기정화와 인테리어에 최고인 10대 식물

Ⅳ. green play : 식물 키우기

우리 만남은 우연이 아니야 – 우리 집에 맞는 식물 고르기

햇살과 그늘 사이 – 식물 배치 공간별 분류

한없이 투명에 가까운, 나만의 유리 정원 – 테라리움

'가위손'이 되고 싶다면

– 식물을 기르기 위한 준비물

식물 키울 때 필요한 기본적인 준비물이 있다. 모종삽, 분무기, 원예용 가위, 그리고 화분 및 이동 받침대다. 그 밖에 추가적인 아이템이 필요할 수 있지만, 기본적인 준비물만으로도 식물을 키울 수 있다.

식물을 키우기에 앞서 씨앗부터 심을 것인지, 모종으로 시작할 것인지 결정해야 한다. 어떤 것으로 시작하든 모종삽은 필요하다. 씨앗을 심을 때에도, 모종을 예쁜 화분에 옮길 때도 필요하다. 화분을 옮길 때 사용하는 이동 받침대도 꼭 구비해두자.

식물은 토양의 유기물과 물을 먹고 자란다. 분무기는 필수. 화초 한두 개나 작은 화분을 두었다면 일반 분무기로 충분하지만, 텃밭 정도의 규모라면 펌프질을 자주 하지 않아도 되는 압축 분무기를 준비하는 것이 좋다. 정원 가꾸기에 로망이 있는 이들에게는 클래식한 물뿌리개를 추천한다.

원예용 가위는 일명 꽃가위라고도 불린다. 가지치기할 때 필요한 도구다. 혹시라도 생명을 다한 부분이 있다면 가위를 이용해 잘라내야 남은 부분

준비물. 물뿌리개, 모종삽, 분무기, 원예용 가위, 화분 받침대 등.

이 제대로 살 수 있다. 너무 쉽게 접히지도, 그렇다고 빽빽하지도 않은 정도가 좋다.

식물 키우기에 갓 입문한 초보자라면 페트병이나 사용한 유리병, 깨진 컵 등의 재활용품을 화분으로 활용하는 것도 좋다. 흙은 아무 데서나 퍼오면 벌레의 알이나 유충이 있을 수 있으니 반드시 분갈이용 흙이나 원예용 상토를 구입하도록 하자.

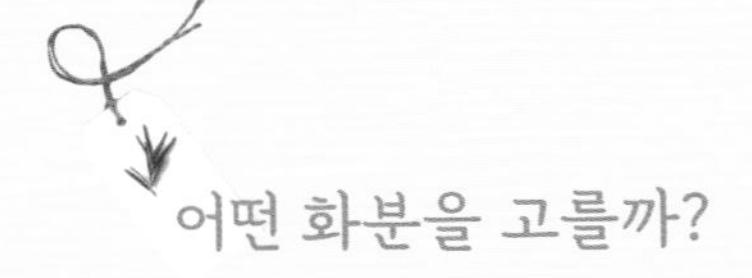

어떤 화분을 고를까?

화분은 소재별로 나눌 수 있다. 기본적인 플라스틱부터 유리, 황토, 토분, 세라믹, 라탄, 시멘트 등이 있다.

토분은 테라코타라고 불리는 가장 일반적인 화분이다. 점토로 모양을 빚은 그릇을 자연 건조시킨 뒤 가마에 넣어 구운 것이다. 가장 자연에 가까운 상태의 화분인 토분은 공기가 잘 통한다. 수분 입자가 통과할 수 있을 정도로 입자가 굵은 그릇이다. 실내보다 실외에서 기르는 식물에 적합하다. 습하지 않고 환기가 잘 되는 곳에서 사용해야 한다.

여러가지 화분.

세라믹은 도자기를 말한다. 초벌구이를 끝낸 테라코타에 유약을 바르고 재벌구이를 해 만든다. 제조과정 때문에 물 입자가 그릇을 통과하지 못하지만, 공기는 잘 통한다. 습기를 좋아하는 식물이나 다육식물, 선인장 등 여러 가지 식물을 실내에서 키울 때 좋다. 대신 얇은 두께의 세라믹 화분은 피하고, 크기가 큰 식물일수록 두꺼운 화분을 선택하는 것이 좋다.

최근에는 모던하고 심플한 디자인과 색상으로 인해 시멘트로 만든 화분이 인기가 많다. 시멘트로 만든 화분은 물빠짐이 좋기 때문에 실외용으로 적합하다. 시멘트 화분은 무겁긴 하지만 내구성이 강하고 모든 식물에 다 사용할 수 있다.

FRP는 시멘트같이 보이는 재질이지만 실은 유리섬유 강화 플라스틱이다. 화학적 공정을 많이 거친 플라스틱이므로 자연적인 화분에 비해 식물에게 유익할 수는 없지만 얇고 가벼워서 실용적이다. 실외에서 큰 식물을 키울 때 적합하다.

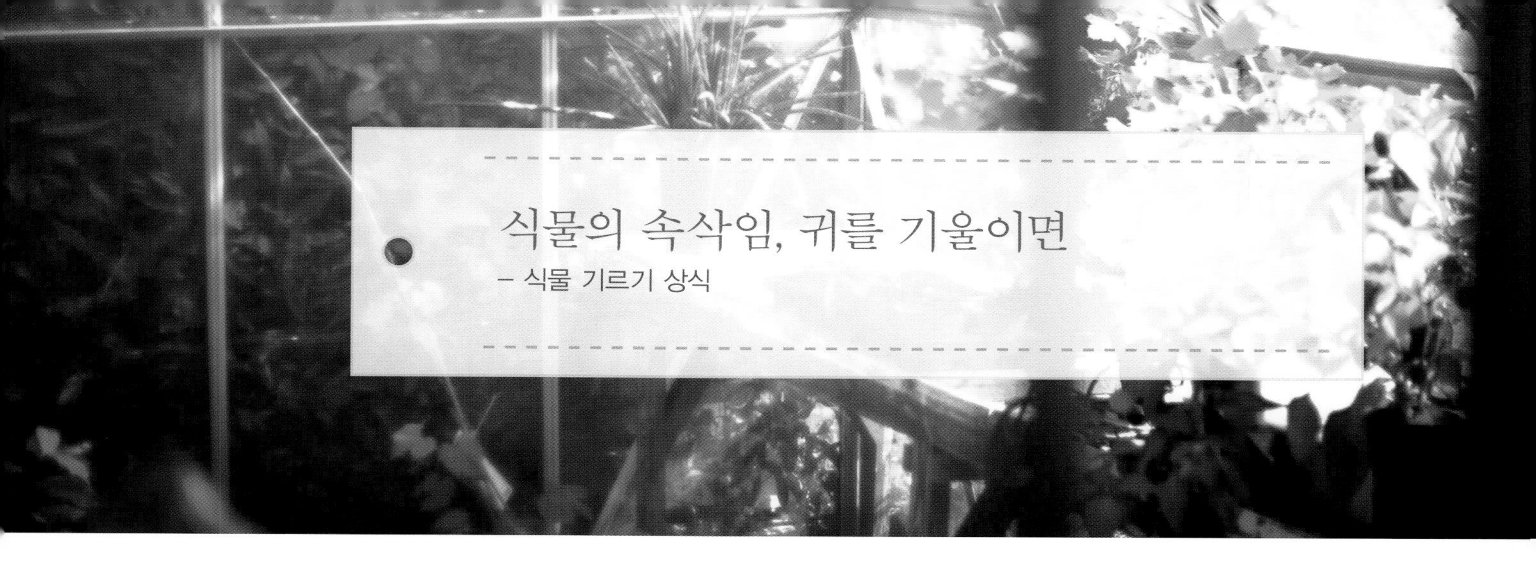

식물의 속삭임, 귀를 기울이면

– 식물 기르기 상식

식물의 위험신호와 관리법

1. 줄기와 뿌리가 연결되는 부위가 썩었다면

물을 자주 주면 뿌리가 썩는다. 일단 뿌리가 썩으면 식물은 거의 회복이 불가능하다. 뿌리는 괜찮은데 줄기 아래쪽이 썩었다면 흙을 새 흙으로 갈아주고 썩은 줄기를 잘라내어 새로운 뿌리가 나도록 관리해준다.

2. 베란다에 있던 화초 잎이 누렇게 변했다면

위쪽의 잎이 누렇게 변했다면 화분 아래쪽에 뿌리가 자랄 공간이 없거나 비료의 부족, 일광량이 과다한 증상이므로 분갈이를 하거나 비료를 주고 일광량을 조절해줘야 한다.

3. 잎이 시들하게 아래로 처졌다면

지나치게 실내 온도가 높거나 햇빛이 강하면서 습기가 부족할 때 잎이 시든다. 시든 잎이라도 줄기가 살아 있고 잎에 수분이 남아 있다면 적절한 물주기와 일광량 조절로 다시 살릴 수 있다.

4. 화분을 옮기다가 가지가 부러졌다면

영양분이 부족해 자연적으로 부러진 가지라면 회복이 어렵다. 물리적인 외부 힘에 의해 부러진 가지라면 흙에 꽂아 물을 주고 관리하면 뿌리가 살아난다.

5. 식물의 줄기 아랫부분이 얼었다면

저온에 방치하여 줄기 아래가 얼면 회복이 불가능하다. 따뜻한 물을 부어 강제로 녹이면 식물의 조직까지 녹아버린다. 식물이 얼지 않게 적절한 온도에서 길러야 한다.

6. 화분의 흙 위에 하얗게 곰팡이가 생겼다면

흙 속에 수분이 많아 산소가 흡수되지 않고 곰팡이가 번식하게 된다. 이 경우에는 새 흙으로 갈아심고 화분을 엎어 위쪽 흙과 아래쪽 흙을 섞은 뒤 다시 심는다.

7. 풀칠을 한 것처럼 잎이 끈끈하고 미끈거린다면

식물을 고온 건조한 상태에 두면 진딧물이 생긴다. 잎과 줄기가 연결된 부분과 잎의 안쪽을 보면 작은 벌레를 볼 수 있을 것이다. 진디는 물로 씻어주거나 날짜가 지난 우유를 잎에 뿌려주면 진딧물이 우유를 먹고 굳어서 죽는다.

8. 시들지 않은 잎이 떨어진다면

물이 부족하거나 뿌리가 화분에 가득 차서 영양분이 잎까지 가지 못하는 경우 잎이 떨어진다. 물이 부족해도 줄기가 살아 있으면 다시 잎이 나온다.

9. 줄기가 누렇게 마르면서 시들었다면

뿌리가 화분 속에 가득차면 흙 표면이 단단해져서 흙이 수분과 양분을 잘 흡수하지 못하여 줄기가 시들고 마른다. 분갈이를 해주고 일광량을 조절하여 마르지 않게 한다.

10. 잎이 건조하고 꺼칠꺼칠하다면

'하다니'라는 벌레가 식물에 침투하면 생기는 현상으로, 잎의 윤기가 없어지고 녹색이 점점 옅어진다. 물로 잎을 깨끗하게 씻어준 다음 하다니 구제약을 뿌려준다.

11. 그루터기가 빈약해 식물이 힘이 없다면

일광량에 문제는 없는지 살펴봐야 한다. 단 주의할 점은 그늘에서 계속 늘어져 있던 식물을 갑자기 강한 빛을 쬐면 화상을 입어 말라죽게 되니 서서히 일광량을 늘려준다.

12. 잎이 바삭하게 말랐다면

물과 일광량이 가장 큰 문제다. 평소 화분의 배수구 밑으로 물이 흠뻑 흐를 정도로 물을 주어야 하고 적당한 햇볕을 쪼여야 한다.

13. 잎이 썩어서 축축하다면

물을 필요량보다 많이 줬기 때문이다. 일반적으로 화분의 겉흙이 마르면 흠뻑 물을 주는 습관이 필요하다. 또 엽면에 스프레이를 자주해 건조해지지 않게 하는 것도 좋다.

14. 잎에 반점이 생겼다면

수분 부족이나 직사광선에 잎이 탄 경우와 탄저병이 생긴 경우 반점이 생긴다. 탄저병 약을 주고 잎이 탄 경우는 간접광을 쐬게 하거나 그늘로 이동시킨다.

15. 요즘 인기가 많은 개운죽 관리법

개운죽의 3분의 1 정도를 물에 담가주고 2~3주에 한 번 물을 갈아주며 반그늘이 되는 위치에서 기른다. 실내가 건조하면 잎의 끝이 마르는데 이때는 마른 부분을 잘라내고 물을 스프레이해준다. 줄기 가장 윗부분에 수분 증발을 억제하는 약제를 발라주면 건조를 막을 수 있다.

16. 휴가철 화분 관리

화분보다 큰 플라스틱 쟁반 위에 화분 크기의 나무토막을 가운데 놓고 그 위에 화분을 얹고 나머지 공간에 작은 자갈이나 모래를 채우고 나무토막 높이만큼 물을 붓는다. 또는 큰 양동이에 물을 채우고 굵은 면실이나 가는 바이어스 천을 화분의 흙과 연결해놓는다. 욕조에 화분 높이만큼 물을 받은 다음 화분을 담가둔다. 창은 열어 환기에 주의한다.

17. 절화 꽃을 오래 감상하려면

우선 줄기가 굵고 충실하며 꽃과 잎이 싱싱한 것을 구입하고 꽃을 자를 때 줄기를 반드시 물속에서 자르며 줄기 밑부분을 2~3센티미터 잘라서 꽂는다. 줄기의 절단면은 작으면 작을수록 좋다. 사선보다 수평으로 자르고 날카로운 칼로 재빨리 자르고 절단면을 살짝 불로 지져 수명을 연장시킨다. 하루 한 번 물을 갈아주고 비슷한 온도가 가장 좋다. 수명연장제를 사용하기도 한다. 한여름에는 락스를 한 방울 물에 떨궈 미생물 발생을 막는다.

18. 흙의 산성화 방지하기

허브나 아젤리아 등 산성 토질에서 잘 자라지 못하는 식물의 경우 먹다 남은 맥주를 분토에 부어주거나 조개나 잘 씻어 말린 달걀껍질을 곱게 빻아 흙에 1티스푼 섞어준다. 또 쌀뜨물을 주면 영양 공급이 되어 식물이 싱싱해진다.

19. 병충해, 응애 예방법

허브는 약을 함부로 치기가 망설여지고 식용채소나 아기를 기를 때도 농약 사용이 망설여진다. 이럴 때는 현미식초에 물을 30~40배 타서 가끔 뿌려주거나 블랙커피를 30~40배로 물에 타서 스프레이해준다. 개각충은 한 달에 한 번 맥주나 소주를 같은 농도로 희석해 뿌려주고 소나무의 솜면 깍지벌레는 솔잎을 하나 뽑아 식용유를 미량 묻힌다. 또한 우산이끼는 양조식초를 붓에 살짝 찍어 바른다. 무엇보다 병충해를 예방하려면 바람이 잘 통하는 곳에서 기르고 정기적으로 살균제를 살포한다.

20. 건강한 식물 기르기의 첫째 조건

건강한 화초를 기르기 위한 첫째 조건은 우선 식물을 구입할 때 묘가 튼튼한 것을 골라야 한다. 키가 너무 웃자라지 않고 줄기가 튼튼하며 잎이 윤기 있게 잘 자란 것을 고르도록 한다. 또한 구입 시 그 식물의 특성(물을 좋아하는지 여부, 일조량 등)을 꼭 물어보는 습관을 들이도록 한다. 물론 잎에 반점이나 병반이 보이거나 해충이 묻은 것은 피해 식물을 구입하고 보통 작은 분에 심어져 있는 것을 사게 되는데 뿌리가 너무 꽉 차서 호흡이 곤란해지니 배수구를 보고 뿌리가 나와 있으면 분갈이를 해서 사온다.

21. 줄기가 뭉그러지고 썩는다면

연부병으로 테라마이신으로 응급처치가 가능하다. 다이젠 등을 살포한다. 한여름 물주기에 주의하고 바람이 잘 통하는 곳에 식물을 둔다.

22. 하얗게 밀가루를 뒤집쓴 것 같다면

하얀 가루가 붙는다면 흰가루병에 걸린 것이니 통풍이 잘 되는 곳으로 옮긴다. 지오판수화제를 살포한다. 평상시 환기에 주의한다.

23. 끈적끈적한 액체가 생긴다면

개각충이 생기거나 생기려고 하니 알코올을 묻힌 솜으로 잘 닦아낸다. 수프라사이드를 살포한다.

24. 시들고 삶은 것 같다면

저온에 노출되면 이런 현상이 생긴다. 상한 곳을 제거하고 따뜻한 곳으로 옮기되, 너무 더운 곳에 두면 오히려 뭉크러지니 차차 적응시킨다.

25. 잎이 푸른 데도 생기가 없다면

일조량이 과다할 경우 그럴 수 있으니 약간 그늘진 곳에 옮겨둔다. 수분이 부족해도 이런 현상이 생기니 공중습도를 높여주고 물은 주되 흠뻑, 배수구로 흘러내릴 정도로 준다.

26. 실내가 고온 건조하면

식물의 호흡증산 작용이 활발해 수분과 양분 소모가 많게 되어 식물이 약해진다. 그러므로 화분에만 물을 주지 말고 공중습도를 높이기 위해 분무기로 스프레이를 해주고 넓은 쟁반, 수반 등에 물을 받아 자연 증발되게 해준다.

27. 봄에 꽃이 잘 피게 하려면

햇빛이 잘 들며 서늘한 곳에서 휴면을 하게 해야 꽃눈이 생긴다. 화분 식물의 경우 가정서 얼까 봐 너무 일찍 들여놓으면 꽃을 보기 힘들게 된다. 첫서리가 내리기 전이나 서리를 한 번 맞힌 후 식물을 들여놓는다. 열대성 식물이 아니면 해가 잘 드는 베란다에 둔다.

물이 부족할 때

1. 잎이 갑자기 시든다.
2. 잎의 성장이 늦어진다.
3. 아래쪽의 잎이 오므라들거나 노랗게 된다. (또는 비료 부족)
4. 잎의 가장자리가 갈색이 되고 말라간다.
5. 꽃색이 바래고 빨리 떨어져버린다.

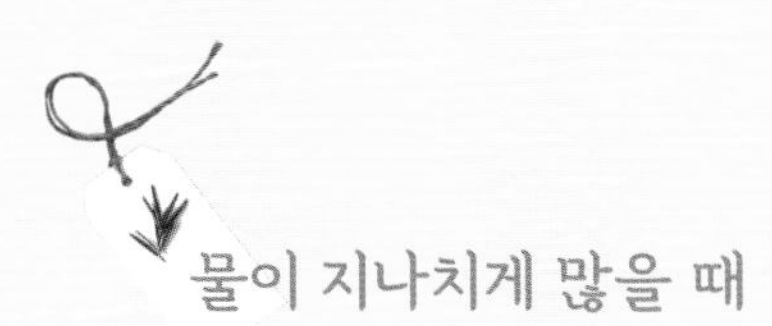

물이 지나치게 많을 때

1. 잎이 연약해지고 표면에 썩은 점이 생긴다.
2. 뿌리가 썩는다.
3. 잎의 성장이 나빠진다.
4. 꽃이나 화분에 곰팡이가 핀다.
5. 어린잎과 오래된 잎이 함께 떨어진다.
6. 잎 끝이 갈색이 된다.
7. 잎이 구부러지거나 노랗게 된다.

물을 충분히 줘야 하는 식물

1. 쉽게 잘 자라는 식물
2. 잎이 얇은 식물, 또는 잎이 얇으며 큰 식물
3. 매우 따뜻한 방에 놓인 식물. 특히 여름철 창가에 놓인 식물
4. 분 가득히 건강한 뿌리를 뻗은 식물
5. 비교적 작은 화분에 심어진 식물
6. 건조한 장소에 놓인 식물
7. 늪지대나 습지가 원산지거나 그런 곳에서 자라는 식물
8. 질그릇분(토분)에 심어진 식물
9. 어린잎이 새로 나는 식물

물을 조금만 줘도 되는 식물

1. 고무나무처럼 두껍고 단단한 잎의 식물
2. 서늘한 실내식물, 특히 겨울철
3. 즙이 많은 조직의 식물(선인장)
4. 최근 옮겨 심어져 아직 뿌리가 화분 가득히 퍼져 있지 않은 식물
5. 배양토처럼 보수력이 있는 분흙 속에 심어진 식물
6. 플라스틱이나 도기분에 심어진 식물
7. 접란, 아스파라거스류, 동양란
8. 꽃봉오리, 싹, 꽃이 없는 식물

녹색 중의 녹색, 베스트 10

– 공기정화와 인테리어에 최고인 10대 식물

식물계 생물은 매우 다양하고 체계적으로 분류되어 있으므로, 공기정화 식물 및 인테리어 식물로 자주 쓰이는 식물 10가지를 골라, 특징을 살펴본다.

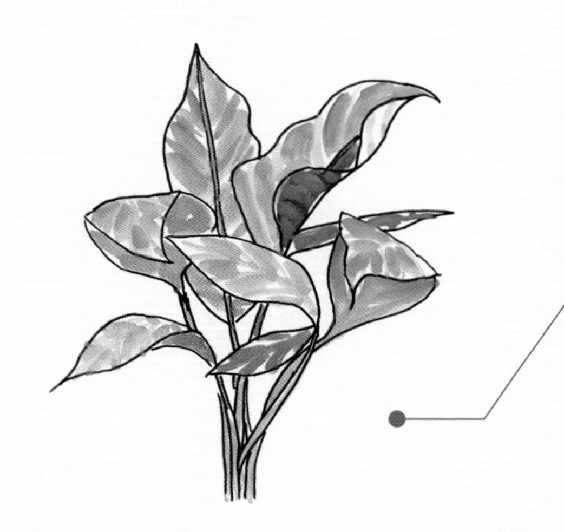

1. 스파티필룸

진한 녹색의 잎에 새하얀 꽃을 피우는 광엽식물로, 추위와 건조함에 비교적 약한 편. 햇볕이 잘 드는 곳에 두면 일 년 내내 꽃이 피기도 한다.

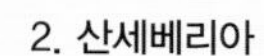

2. 산세베리아

NASA 실험에서 공기정화력이 가장 높았다고 알려진 식물이다. 밤에도 끊임없이 산소를 정화시키는 것이 특징이므로 숙면을 취하는 데 도움을 주는 식물로도 알려져 있다. 추위에는 약하지만 건조함에는 강하다.

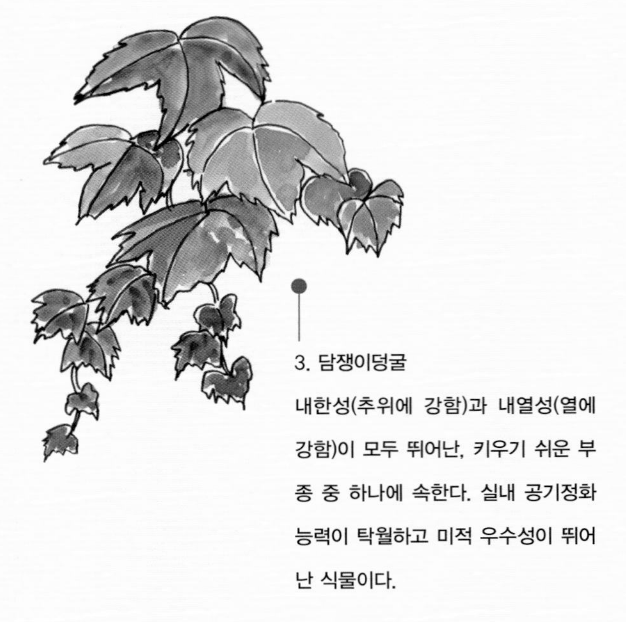

3. 담쟁이덩굴

내한성(추위에 강함)과 내열성(열에 강함)이 모두 뛰어난, 키우기 쉬운 부종 중 하나에 속한다. 실내 공기정화 능력이 탁월하고 미적 우수성이 뛰어난 식물이다.

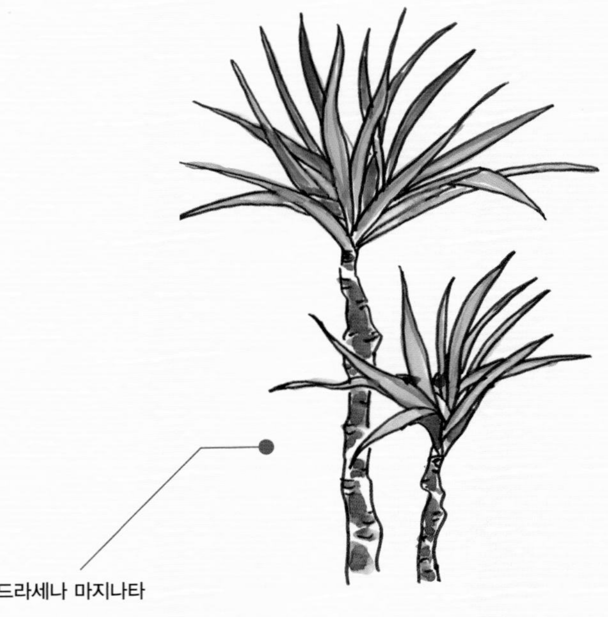

4. 드라세나 마지나타

행복나무라고도 불리는 드라세나는 운기가 좋다 하여 인테리어로도 많이 사용된다. 통풍이 잘 되는 반양지에 두는 것이 좋고 물을 너무 자주 주지 않는 것이 좋다. 여름에는 7~10일에 한 번, 건조한 겨울에는 하루에 한 번 잎에 분무한다.

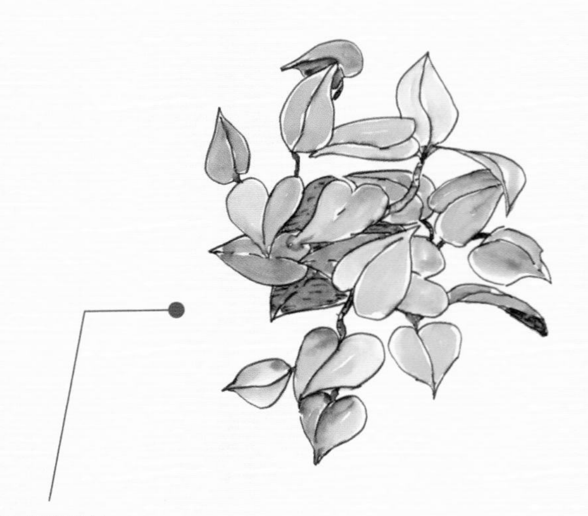

5. 스킨답서스

공공장소에서 자주 볼 수 있는 식물 가운데 하나이다. 저렴하고 관리가 쉽기 때문에 인테리어 식물로 자주 사용된다.

6. 아레카 야자

키가 크고 잎의 면적도 큰 편에 속한다. 화학물질의 흡착과 제거율이 높다. 고양이나 개의 식독성이 없기 때문에 반려동물과 함께 키우기 좋은 식물 중 하나이다.

8. 인도 고무나무

이름에서 알 수 있듯이 수액이 고무의 원료로 쓰인다. 생장이 빨라 키가 빨리 자라고 잎 또한 크고 둥글다.

7. 벤자민

키가 크고 잎은 동그랗게 말린 듯한 귀여운 모양을 가지고 있어 인테리어 용도로도 인기가 높다.

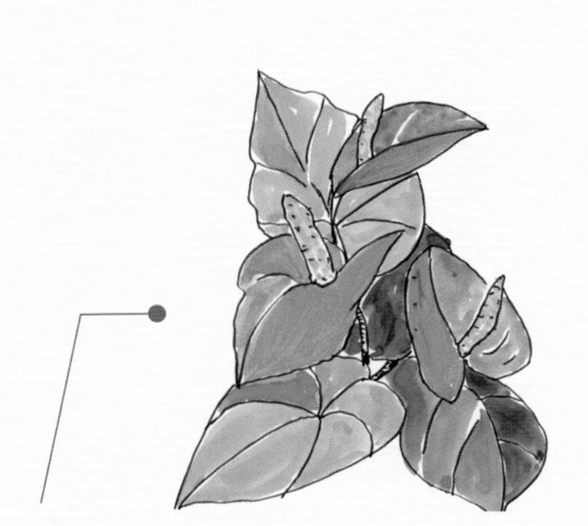

9. 안수리움

하트 모양의 꽃과 화려한 색이 특징이다. 역시 공기를 정화시키는 능력이 탁월하다. 열대 지방이 원산지이므로 추위와 건조함에 약해 햇볕이 잘 드는 실내에 두고 배수와 습도를 일정하게 유지시켜주는 것이 좋다.

10. 파키라

광엽식물 중에서도 인지도가 높으며, 넓게 펼쳐진 독특한 잎 모양 때문에 인테리어용으로 많이 사용된다. 생장 속도가 빠르고 건조함에 강하다. 해충의 피해도 적은 편이라 관리가 수월한 장점이 있다. 단, 필요 이상으로 물을 주면 뿌리가 빨리 썩기 때문에 주의가 필요하다.

우리 만남은 우연이 아니야
– 우리 집에 맞는 식물 고르기

1. 공기정화 능력이 특히 뛰어난 식물

드라세나 마지나타, 벤자민, 보스턴 고사리, 피닉스 야자, 필로덴드론, 행운목, 홍콩 야자, 세이 프리지 야자, 스킨답서스, 스파티필룸, 싱고니움, 아레카 야자, 아이비, 엘레강스 야자, 드라세나 와네키, 인도 고무나무, 자넷 크레이그, 거베라, 관음죽, 국화, 나비란, 네프롤레피스, 대나무 야자, 디펜바키아

2. 잎이 아름다운 식물

고드세피아나, 나비란, 디펜바키아, 마지나타, 송 오브 인디아, 렉스베고니아, 사랑초, 산데리아나, 시클라멘, 싱고니움, 아글라오네마, 아나나스, 아이비, 애플민트, 드라세나 와네키, 캔들 플랜트, 코디 라인, 콜레우스, 크로톤, 크리스털 안시리움, 제라늄, 청목, 칼라데아 크로카타, 트라데스겐챠, 페페로미, 프테리스, 포인세티아, 푸밀라 고무나무, 필레아, 하이포 에스테스

3. 꽃이 오랫동안 피는 식물

심비디움, 시클라멘, 아나나스, 아케메네스, 거베라, 꽃베고니아, 덴파레, 브리

시아, 사계장미, 사계치자, 스파티필룸, 아펠란드라, 아프리칸 바이올렛, 안시리움 애크미아, 온시디움, 임파첸스, 제라늄, 칼랑코에, 틸란데시아, 포인세티아, 후쿠샤, 호접란

4. 꽃향기가 좋은 식물

가는다리장구채, 감국, 곰취, 고드세피아나, 구름 패랭이, 국화, 귤나무, 금새우란, 금귤나무, 꽃치자, 남산 제비꽃, 단풍잎 제비꽃, 대엽풍란, 동양란, 라일락, 레몬나무, 르네브, 마르코폴로, 마삭줄, 만리향, 매화, 무스카리, 백자단, 백합, 보로니아, 브론 펠리아, 석곡, 섬감국, 소엽풍란, 수선화, 스타게이저, 스텐호피아, 스토크, 아라비아 바이올렛, 아마존 릴리, 알리섬, 야래향, 야향화, 연꽃, 열매치자, 오렌지나무, 월귤나무, 으름덩굴, 은방울꽃, 인동, 자스민, 장미, 찔레꽃, 천리향, 털머위, 튤립, 페튜니아, 프리뮬러(앵초), 프리지어, 한란, 해당화, 행운목, 헬리오트로프, 홍자단, 히아신스

5. 잎에서 향기가 나는 식물

골드 크레스트, 골든 레몬 타임, 구문초, 라벤더, 란타나, 레몬버베나, 레몬밤, 로즈마리, 로즈제라늄, 메리골드, 바질, 세이지, 스피어민트, 애플제라늄, 오드콜로뉴민트, 율마, 제라늄, 캔들 플랜트, 커리 플랜트, 타임, 파인애플민트, 파인애플세이지, 페니 로열, 페퍼민트 프리지드 라벤더

6. 열매가 아름다운 식물

군자란, 귤, 금귤나무, 꽃고추, 꽃사과, 백량금, 산호수, 석류, 열매 치자, 레몬나무, 만냥금, 예루살렘 체리, 피망, 풍선덩굴, 화초호박

7. 늘어뜨려 키우기 좋은 식물

나비란, 러브체인, 마란타, 보스턴 베고니아, 스킨답서스, 시서스, 에스키난데

스, 아이비 제라늄, 칼랑코에, 아스파라거스, 아이비

8. 수경으로 키우기 적당한 식물

달개비류, 드라세나류, 산데리아나, 수선화, 스킨답서스, 스파티필룸, 디펜바키아, 몬스테라, 부레옥잠, 아이비, 옥시 카르디움, 워터 해리스, 트라데스겐차, 호야, 히아신스

9. 테라리움으로 키우기 적당한 식물

나비란, 아스파라거스, 푸밀라 고무나무, 프테리스, 피토니아, 필레아, 드라세나, 마란타, 셀라 지넬라, 아디안텀, 아스파라거스

10. 그늘, 실내에서도 잘 자라는 식물

넉줄고사리, 대나무 야자, 칼라에아, 페페로미아, 필레아, 필로덴드론, 하트 덩굴, 아나나스, 아스파라거스, 아스플레니움, 시서스, 스킨답서스, 싱고니움, 아글라오네마, 덩굴 싱고니움, 동양란

11. 직사광선이 닿지 않는 가장 밝은 장소에서 잘 자라는 식물

글록시니아, 나비란, 스킨답서스, 아펠란드라, 디펜바키아마란타, 마지나타, 몬스테라, 네프롤레피스, 에스키난데스, 드라세나 와네키, 인도 고무나무, 아디안텀

12. 강한 빛에서 잘 자라는 식물

게발선인장, 귤나무, 홍콩야자, 히비스커스, 알로에, 진달래, 수련, 수국, 세덤, 선인장, 미니장미, 멕시코 소철, 로즈마리, 만리향, 디지고데카, 라벤더, 꽃베고니아, 나비란, 다육식물

13. 과습을 싫어하는 식물

다육식물, 디펜바키아, 하트 덩굴, 호야, 선인장류, 시서스, 제라늄, 알로에, 라

벤더, 로즈마리

14. 습도가 높은 것을 좋아하는 식물

관음죽, 나비란, 아나나스, 아디안텀, 아레카 야자, 대만 고무나무, 렉스베고니아, 마란타, 콜레우스, 피닉스 야자, 칼라데아, 치자나무, 아글라오네마, 싱고니움

햇살과 그늘 사이

– 식물 배치 공간별 분류

거실

가족들이 함께 생활하는 거실은 습도조절 기능이 뛰어난 야자나무류를 주로 배치하고 미세먼지를 흡착하는 고무나무 종류를 함께 배치하는 것이 좋다. 유기화학 물질을 제거하는 식물을 곁들이면 더욱 좋다.

추천 식물 : 대나무 야자, 인도 고무나무, 산호수, 아레카 야자, 보스턴 고사리 등

현관

외부 공기가 유입되는 현관은 대기오염물질인 아황산가스나 미세먼지 분진 제거에 효과가 뛰어난 식물을 배치하는 것이 좋다. 특히 현관은 햇빛이 적으므로 반음지 식물 위주로 배치해야 한다.

추천 식물 : 스파티필룸, 관음죽, 벤자민 고무나무 등

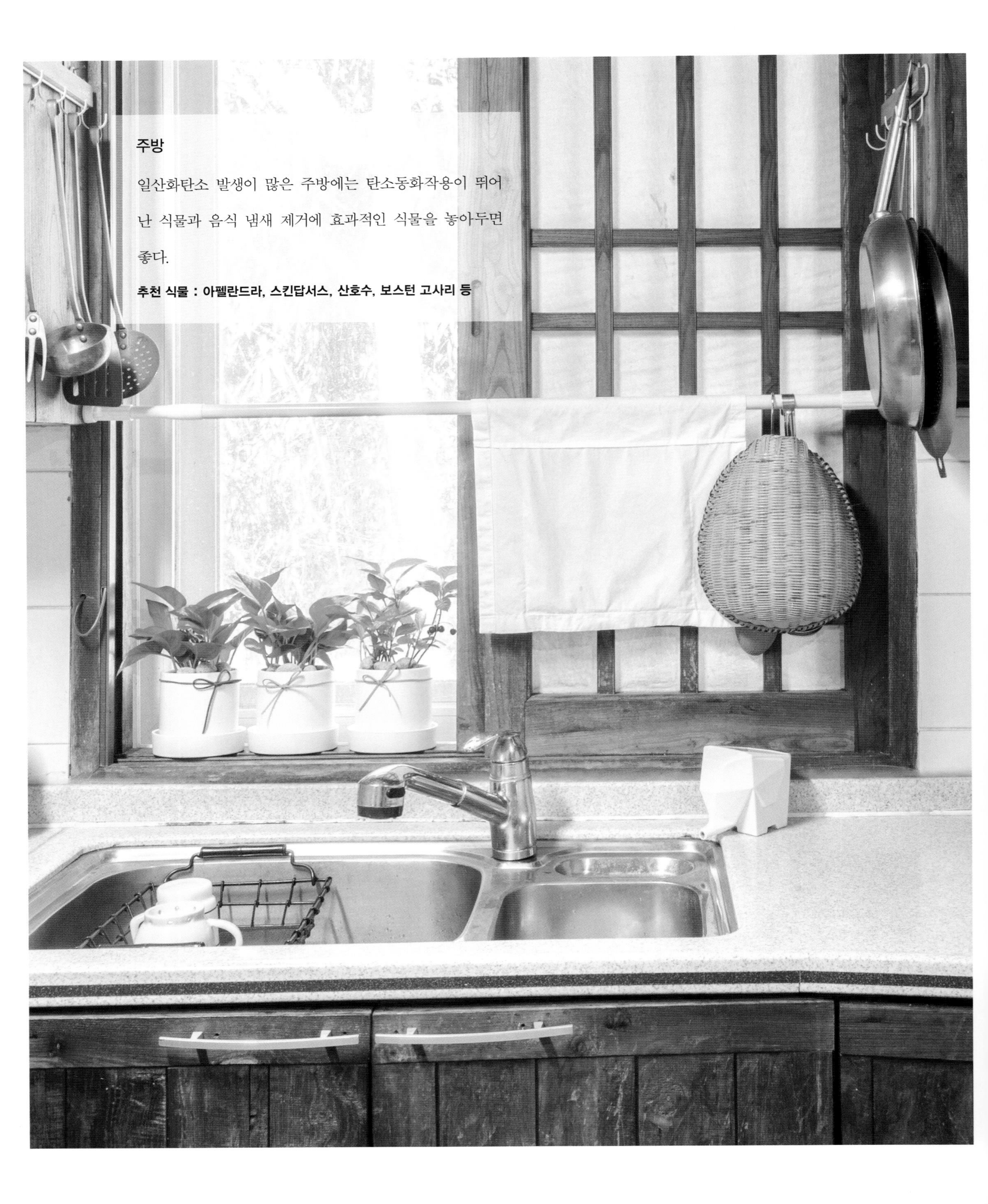

주방

일산화탄소 발생이 많은 주방에는 탄소동화작용이 뛰어난 식물과 음식 냄새 제거에 효과적인 식물을 놓아두면 좋다.

추천 식물 : 아펠란드라, 스킨답서스, 산호수, 보스턴 고사리 등

침실

밤에 산소를 많이 배출하는 선인장과 다육식물을 침실에 두면 자는 동안 신선한 산소가 지속적으로 공급된다.

추천 식물 : 다육식물, 호접란, 선인장 등

공부방

음이온을 발생하는 식물들을 배치하면 머리를 맑게 해 기억력 향상에 도움이 된다. 또 허브류는 향기로운 냄새로 후각을 자극해 머리를 맑게 해주며 피로 회복에 좋다.

추천 식물 : 로즈마리, 산세베리아 등

화장실

암모니아 제거에 탁월한 효과가 있는 식물이 효과적이다.

추천 식물 : 스파티필룸, 관음죽, 맥문동 등

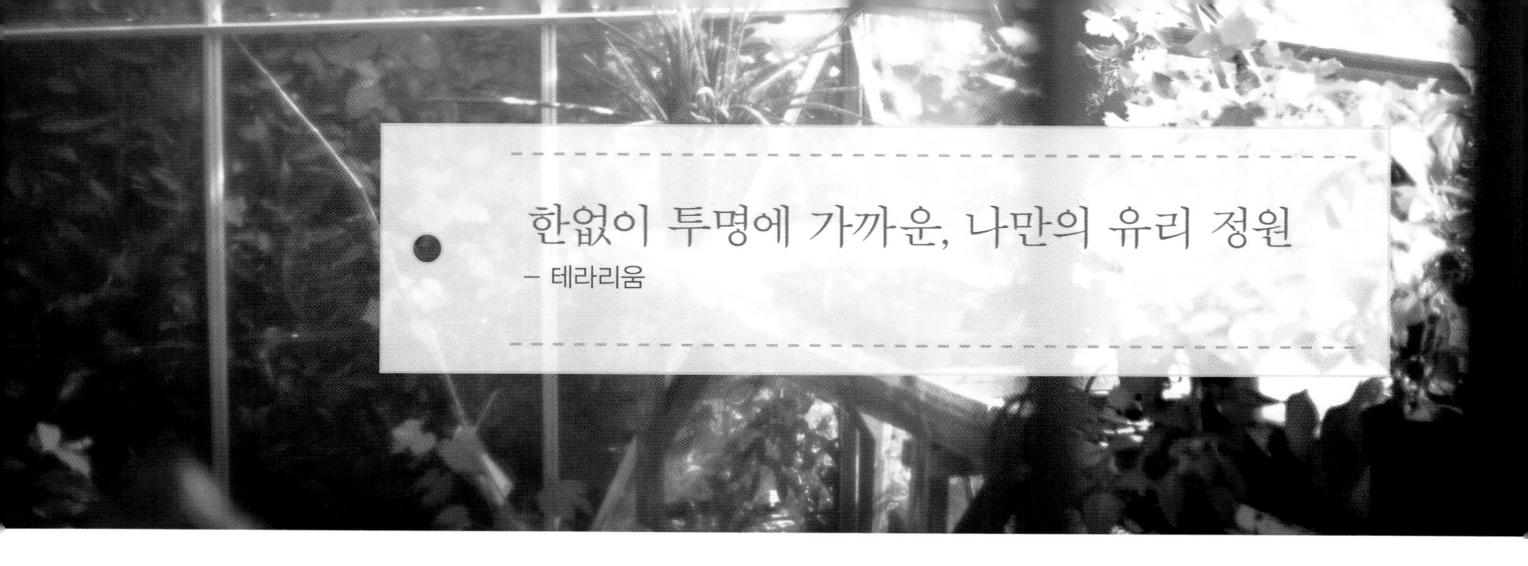

한없이 투명에 가까운, 나만의 유리 정원
– 테라리움

하나의 식물을 하나의 화분에 심어 키우는 개별심기와는 다르게 나만의 식물들을 조합해 나만의 실내 정원을 만드는 유리병 속 미니 정원 테라리움에 대해 알아보자.

야외 정원이나 넓은 규모, 섬세한 원예술을 필요로 하지 않는 테라리움은 토양을 채워 식물을 키워나가는 유리 용기를 말한다. 유리 용기를 주체 용기로 사용하기 때문에 보틀 가든(bottle garden)이라고도 한다. 흙이나 모래 등을 채우고 생육 환경이 맞는 식물을 한 종류 내지 서너 종류까지 심어 사방에서 그 안의 모습을 감상할 수 있도록 한 일종의 미니 정원이며, 실내 장식 효과를 겸한 원예 방식이다.

테라리움을 하려면 먼저 용기가 필요하다. 그리고 용기 안에 배치할 식물과 배양토를 기본으로 하고, 모래나 이끼, 작은 자갈과 화산석 등을 이용하여 장식한다. 가장 키우기 좋은 식물은 다육식물을 포함해 싱고니움, 드라세나류, 아글라오네마 등이 있다. 천연 가습 효과는 물론 공기정화 기능과 탈취 기능이 뛰어난 스칸디아모스(순록이끼, 북유럽이끼)를 더하는 것도 추천한다.

집안의 살림살이들을 정리하다 보면 짝 잃은 찻잔이나 작은 유리병, 유리그릇들이 많은데 복잡하고 거창한 리폼을 거치지 않고서도 충분히 새로운 테라리움 용기로 사용할 수 있다.

자갈 깔기

유리병 바닥에 3센티미터 정도 자갈을 깐다. (용기 크기에 따라 다르지만 지름은 10~15센티미터가 적당하다)

이끼와 숯 깔기

자갈 위에 이끼나 숯을 깐다. 숯을 깔고 그 위에 마른 이끼를 깔아두어도 좋다.
(숯은 얇게 깔고, 이끼까지 포함하여 두께는 1.5센티미터가 적당하다)

배양토 깔고 장식하기

이끼 위에 배양토를 깐다. (용기 높이의 4분의 1 정도가 적당하며 그 위에 이끼를 깔고 흙을 덮어두어도 미관상 좋다.)

완성된 테라리움

원하는 식물을 보기 좋게 조합하고 주변 장식으로 마무리한다.

식물처럼,
살다

글 · 그림_ 김해란
사진_ 김진수
촬영협조_ 여미지식물원

펴낸이_ 강인수
펴낸곳_ 도서출판 **파피에**

초판 1쇄 발행_ 2020년 6월 29일

등록_ 2001년 6월 25일 (제2012-000021호)
주소_ 서울시 마포구 서교동 487 (209호)
전화_ 02-733-8668
팩스_ 02-732-8260
이메일_ papier-pub@hanmail.net

ISBN_ 978-89-85901-91-8 (03520)

• 잘못 만들어진 책은 바꾸어 드립니다.
• 값은 뒤표지에 있습니다.